おだやかで恵み豊かな地球のために

地球人間圏科学入門

鈴木康弘・山岡耕春・寶　馨　編

古今書院

Human Geoscience
Toward the Sustainable Planet

Edited by SUZUKI Yasuhiro, YAMAOKA Koshun
and TAKARA Kaoru

Kokon Shoin Ltd., Tokyo, 2018

近年、世界各地で、猛暑や豪雪、ハリケーンや台風、竜巻、ゲリラ豪雨、干ばつ等が頻発しています。また、大地震や火山噴火による被害も立て続けに起こり、地球環境変動や防災・減災に国際的な注目が集まっています。自然の営みとその変動を注意深く見守り、狭い意味での防災・減災だけでなく、社会のあり方や自然災害観そのものを見直さなくてはなりません。国際的にも災害に対するレジリエンス（しなやかな回復力）の重要性が指摘され、国連は２０１５年にSDGs（Sustainable Development Goals：持続可能な開発目標）を掲げました。２０１８年に文部科学省から告示された新学習指導要領においては、高等学校の教育内容が大幅に見直され、ESD（Education for Sustainable Development：持続可能な開発のための教育）を充実させ、SDGsを実現させることへの貢献が求められています。

地球人間圏科学（Human Geoscience）は、こうした社会の変化に対応するため、21世紀に入って日本学術会議の呼びかけにより作られた新たな科学の枠組みです。地球人間圏科学は「人間と自然の関わりの科学」として、地球環境の仕組みを解明し、自然現象と人間社会との関連性を明らかにすることを目指しています。また、その知見に基づいて新しい宇宙観・生命観・自然観を議論し、さらには人間観や世界観をも創出しようとしています。本書は、第23期日本学術会議地球惑星委員会地球・人間圏分科会（委員長（当時）：氷見山幸夫 北海道教育大学名誉教授）の議論をベースに、こうした地球人間圏科学の視点から「科学者は地球の未来についてどのようなビジョンを持っているか」を解説するとともに、世界が抱える問題解決へのメッセージを発します。

目次

1 「地球人間圏科学」とは？

鈴木 康弘
SUZUKI Yasuhiro

【論 点】

地球人間圏科学は、地球と人間の複雑な相互関係を解明する学問です。地球と人間の関係は人類史そのものでもあり、我々人間は地球環境から多くの影響を受けてきました。そして近年は人間活動が大規模化することにより、地球環境に対して大きな影響を及ぼすようになってきました。そして過去1万年間の完新世（Holocene）に比べて地球環境は大きく変化したと見て、18世紀半ばの産業革命以降を人類世（もしくは人新世：Anthropocene）と呼ぼうという動きもあります。この時代の行く末を考え、穏《おだ》やかで恵み豊かな地球環境を維持するために何を成《な》すべきかを考えることが地球人間圏科学に求められています。

気候変動の将来予測と対策、自然災害の予測と防災・減災のほか、地球の持続可能性に関するさまざまな問題が地球人間圏科学の解くべき課題です。水資源、土壌や食料の問題、土地利用と開発、資源およびエネルギーの問題など、多岐にわたります。そして自然現象のみならず、人文社会現象や歴史・文化、政治・経済に至る多くの現象と密接に結びつきます。対策には技術開発も不可欠であり、工学や農学等のさまざまな分野とも一体となって研究を進める必要があります。また、どのような対策を講じるかを決めるには、一般市民や関係機関などとも議論しなくてはなりません。そのため地球人間圏科学は、「井の中の蛙」や「木を見て森を見ず」ではなく、さまざまな現象を俯瞰的・総合的に見ることが必要です。また、研究の世界だけに閉じず、広く社会とも一緒に考えるという、新しいスタイルの科学として発展することが求められています。

（1）地球と人間の相互関係を「識《し》る」

我々人間は地球からさまざまな自然の恩恵を与えられ、気候や地形のほか、植生や水環境など、いわゆる自然的風土の違いに応じた暮らし方をしてきました。気象現象や地殻変動といった地球の活発な営みは、ときに災害として我々人間の生活に大きな影響を及ぼすこともあります。また、人間活動も地球環境そのものに少なからぬ影響を与えています。人類史を遡れば、地球と人間の複雑な相互関係が見え、また近年のシミュレーション技術によればその将来予測も可能になりつつあります。

地球温暖化に伴う環境変動が懸念され、自然災害の激化の可能性も指摘されるなかで、我々人間がこれからもこの地球上で幸福な生活を続けていくためには、地球と人間の相互関係を単に「知る」だけでなく、詳細な情報を分析・整理して深く理解すること、すなわちできるだけ正しく「識る」ことが重要になっています。

こうした学問分野を近年は「地球人間圏科学」と呼ぶようになっています。ここではそれを「人間生活・人間活動に密接に関係する自然環境の成り立ちを解明し、地球と人間の相互関係を明らかにして、持続可能な社会づくりのための方策を探るための科学」としたいと思います。

いくつか例を挙げてみましょう。たとえば、気候変動と気象災害は地球人間圏科学の重要な課題のひとつです[(1)]。18世紀の産業革命以降、我々人間は化石燃料を盛んに燃焼させるようになりました。その影響で大気中に温室効果ガスが増大し、地球の気温上昇が起きるかもしれません。その可能性が注目され始めたのは1970年代のことでした。いまや地球温暖化は当然のことと認識されていますが、これまでにさまざまな議論がありました。それは、地球は過去数百万年間、自然現象としての気候変動のリズムを繰り返し、約6千年前に最暖期を迎え、それ以降は寒冷化に向かっているという見方もあったためです。また、さらに小刻みな気候変動のリズムとして、14～19世紀頃が小氷期《しょうひょうき》と呼ばれるほど寒冷であったため、近年の気温上昇は、小氷期が終わったことによるのではないかという考えもありました。時間スケールによって見え方が異なる場合もあります。こうした問題を科学的に整理し、人間にとって問題となる地球温暖化は進行するかどうかを見極めるための研究が進められ、今や地球温暖化はほぼ確実に起きると考えられています。

何度気温が上昇するかなど、将来予測には不確実性が伴います。しかし、もしも温暖化が急激に進めば、海水面の上昇や気象災害の激化や干ばつの増大などによって、地球上の多くの場所で深刻な影響が起きることが懸念されます。そのため、何らかの対策を国際的に進める必要に迫られています。その対策には一定の産業活動の抑制も含まれ、国際的な利害対立にもつながりかねないため難しい調整が迫られています。地球人間圏科学には、これからも気候変動の実態把握とメカニズムの解明による科学的貢献が求められるとともに、学問領域を超えて対策を議論する、いわゆる超領域的（trans-disciplinary）な取組の先導役になることが期待されています。

地殻変動と地震・火山災害についても同様です。近い将来、南海トラフ地震や首都直下地震など大地震の発生が懸念されています(2・3)。災害の要因となる地震や火山現象の解明は、地球人間圏科学がその中心を担っています。地球人間圏科学は、地震の原因となるプレート運動や断層活動の過去の繰り返しを地形学や地質学の手法で明らかにし、最近の地震活動や火山活動を各種の地球物理学的観測データから分析します。さらに古文書から歴史時代の活動史を解明します。こうしたデータを総合的に分析して、地震や火山活動の将来予測に取り組んでいます。また、災害時の被害を予測して、有効な被害軽減策を検討しています。地震は瞬間的な破壊現象のため発生を直前に予知することは難しいという現実もあり、それを期待する社会と科学の関係も慎重に扱うべき検討課題です。火山についても、火山ごとの噴火活動の個性が大きく、画一的な対策をとることの難しさが問題になります。直下型地震を引き起こす活断層についても全く同様のことが言えます。

水や土壌・食料は、人間生活の基盤を支えています。気候変動の影響を受けるとともに、人間活動の影響も強く受けやすい貴重な資源です。それだけに地球上における水の循環や、土壌形成のメカニズムを解明することが重要になります。水資源について、国際的な機関である世界経済フォーラムは、「潜在的な影響が最も大きいと懸念されるグローバルリスクは水危機である」とし、水の量的な欠乏あるいは質的な劣化が、人間の健康や経済活動に重大な影響を及ぼしかねないことを指摘しています(4)。その背景には人口増加や干ばつ、あるいは洪水や高潮などがあり、気候変動の影響も懸念されます。水は単価が安く、運搬することが不経済なため、水危機がローカルに深刻な影響を与えやすいという問題もあります。しかし他方、社会経済のグローバル化により、ローカルな問題がグローバルな問題へと波及しやすい状況も生まれています。多くの国を貫いて流れる国際河川においては、水利用は国際問題につながります。水の過度な利用はアラル海をはじめとする湖を縮小させ、自然環境そのものを変える場合もあります。世界人口が90億や100億に達したときに果たして水は足りるのかどうか、その疑問を解決するには地球人間圏科学の総合的検討が必要でしょう。

土壌・食料についても、人類および地球環境の持続可能性と密接な関係があります。現在、地球全体では耕地面積と食料生産量の総量は足りているにもかかわらず、それらは偏在し、8億もの飢餓人口を生み出してしまっています[5]。これまでの数々の文明史は、人類活動が土壌劣化を引き起こし、たびたび文明の衰退を招いたことを記録していますが、今日においても土壌劣化は激しく進んでいます。また気候変動の影響も懸念され、地温のわずかな上昇が土壌微生物の活動を活発化させ、有機物量を増大させ、結果的に大気中の二酸化炭素濃度の上昇をもたらしかねないとされています。その一方で、「土壌が健康であれば、気候変動に対する緩衝能力を発揮できる」とも言われています[5]。安全な食料確保のために何が必要かを総合的に考えることが求められています。

土地利用や開発の問題も、地球上においてさまざまな規模で起きています。人類は歴史的に多くの場所を農地、宅地、道路、商工業用地、公園、林地などとして利用し、そこに文明・文化を築いてきました。それは文明史そのものでもありますが、近年は目先の経済性や利便性、快適性が過度に重視され、持続可能性や安全性に疑問のある土地利用が増える傾向にあります[6]。かつての沼地が埋められ宅地化され、地震時の液状化に対する注意喚起や適切な対策がとられていない場合もあります。土砂災害の危険性や活断層への配慮も十分ではありません。かつて急斜面は宅地として利用されなかったのに、最近の大規模土地造成が災害リスクを高めています。

前述の湖の消滅や大規模な熱帯雨林の破壊は、気候システムにも影響を及ぼしかねません。また、森林伐採と木材燃焼は大気中の二酸化炭素濃度を高め、永久凍土の融解がメタンガス放出につながるなど、開発が気候変動に影響を及ぼしかねないことにも注意が必要です。まさに俯瞰的に土地利用や開発を観察し、その影響を把握することや、持続的な土地利用のあり方を提言することが、地球人間圏科学には求められています(6)。

資源開発やエネルギー問題についても、地球環境問題と密接に結びついていることは、今や誰もが知るところとなっていますが、その解決策のあり方についてはさまざまな意見や価値観があります。化石燃料や廃棄物の問題から、再生可能エネルギー開発が必要だとはわかっていても、現状においてはなかなか普及しない状況もあるようです。地球人間圏科学は、既得権益や利害関係からは明確な一線を画し、中立の立場から社会的合意形成のために客観的データを示すことが求められているのです。

こうした課題は、国連が掲げるSDGs（持続可能な開発目標）とも密接に関係します（図1）。とくに関係の深い項目は、2飢餓、6水・衛生、7エネルギー、11持続可能な都市・防災、13気候変動、14海洋資源、15陸上生態系・生物多様性などです。

（2）なぜどのように生まれたか

「地球人間圏科学」という枠組みは21世紀になってから生まれました。科学の高度化は、学問分野を細かく分け、狭く深く問題に切り込むという風潮を生みました。そのことは近代科学のひとつの特徴でしたが、全体を俯瞰して物事を考えるためにはマイナスの側面もあります。こうした状況を重く見た日本学術会議は、「従来の学問分野の硬直化を避けて新たな課題に柔軟に対応できるようにする」ため、２００５年に学問分野の再編を促しました。その一環として、従来の地質学、鉱物学、地理学、地球物理学などといった学問をまとめて地球惑星科学という枠組みを創り、主に研究対象のスケールの違いから「地球人間圏」と「地球惑星圏」

図１　国連が掲げるSDGs（持続可能な開発目標）のうち地球人間圏科学と関連の深いテーマ（枠をつけたもの）

という概念を整理しました。そして時を同じくして、関連学会が連合して発足した日本地球惑星科学連合は、最終的に研究対象の違いによる5つの領域として、宇宙惑星科学、大気海洋科学、固体地球科学、地球生命科学、地球人間圏科学を設定しました。

したがって、地球人間圏科学は地球惑星科学の一分野であり、その対象は、人間活動に影響を与える自然の営みと変動、および自然と人間との相互関係です。また、自然現象が生物としての人間や、人間が作りあげた社会や文明にどのように影響を与えるか研究することが地球人間圏科学の課題である[7]とされました。人類に身近な環境科学、災害科学の側面もあり、また、工学や社会科学とも密接な関係を持っています。

日本学術会議[8]は、地球人間圏科学について以下のように記しています。

「その大きな特徴は、自然科学、工学、人文・社会科学の視点を複眼的に持つところにある。自然の側から地球人間圏科学を考える場合、自然の成り立ちと人間環境に影響を与え得る自然現象が主要な課題となる。地球惑星科学の幅広い分野がこれにかかわるが、なかでも従来の自然地理学、地形学、地質学、応用地質学、堆積学、地震学、火山学、第四紀学、海洋学、水文学などが深くかかわっている。一方、人間活動の視点からは、人文科学・社会科学と強く結びついた人文地理学や人類学、考古学、農学、工学等に関連する分野も地球人間圏科学と密接に関係している。」

以上のように、地球人間圏科学においては、人間活動との関連を解明するため人文・社会科学や農学、工学との分野連携（inter-disciplinary）研究が必要不可欠であり、さらに何らかの対策のあり方を、その実現を視野に議論するためには、社会の多くの関係者と協働した、超領域的（trans-disciplinary）研究が重要になります。

地球人間圏科学の生みの親でもある日本学術会議においては、多くの専門分野の研究者が集まり、東日本大震災、地球環境問題、教育体制の見直しなどさまざまな問題に即して、地球人間圏科学のあり方が議論され、提言やシンポジウムの形で発信されてきました(9~12)。

こうした超領域的研究を含む新たな科学を強力に推進しようとするのが「Future Earth」です。これは国際科学会議（ICSU）などが推進する、持続可能な地球社会の実現をめざす国際協働研究のプラットフォームで、分野を超えた統合的な研究が「社会と共に推進」されることを目標としています。

そして、自然と人間の相互関係をより適切な姿へと誘導し、持続可能な社会を実現するためには、専門性の高い研究者と俯瞰型思考ができる研究者を養成する高等教育が重要です。またそれに加えて、広く国民に学ばせるための初等中等教育の充実が不可欠であることを忘れてはいけません。

地球人間圏科学はその推進を中心的に担うべき立場にあります（図2）。地球人間圏科学はまだ若く、ともすれば従来型の学問領域の研究テーマに偏りがちですが、問題解決を目指して、古い殻を破る新たな研究の進展が望まれています。

（3）どのように新しいか

地球と人間の関係に関する科学は、地理学や博物学として、古くはギリシャ時代にも遡るほど長い歴史を有しています。18世紀の哲学者カントは「自然地理学」を著しています。その第一部には水の循環、大地の成り立ち、大気循環等に関する地球物理学、第二部では地球上の人間、動物、植物、鉱物に関する博物学を包含しています。また地理学においては19世紀後半以降、ラッツェルによる環境決定論と、

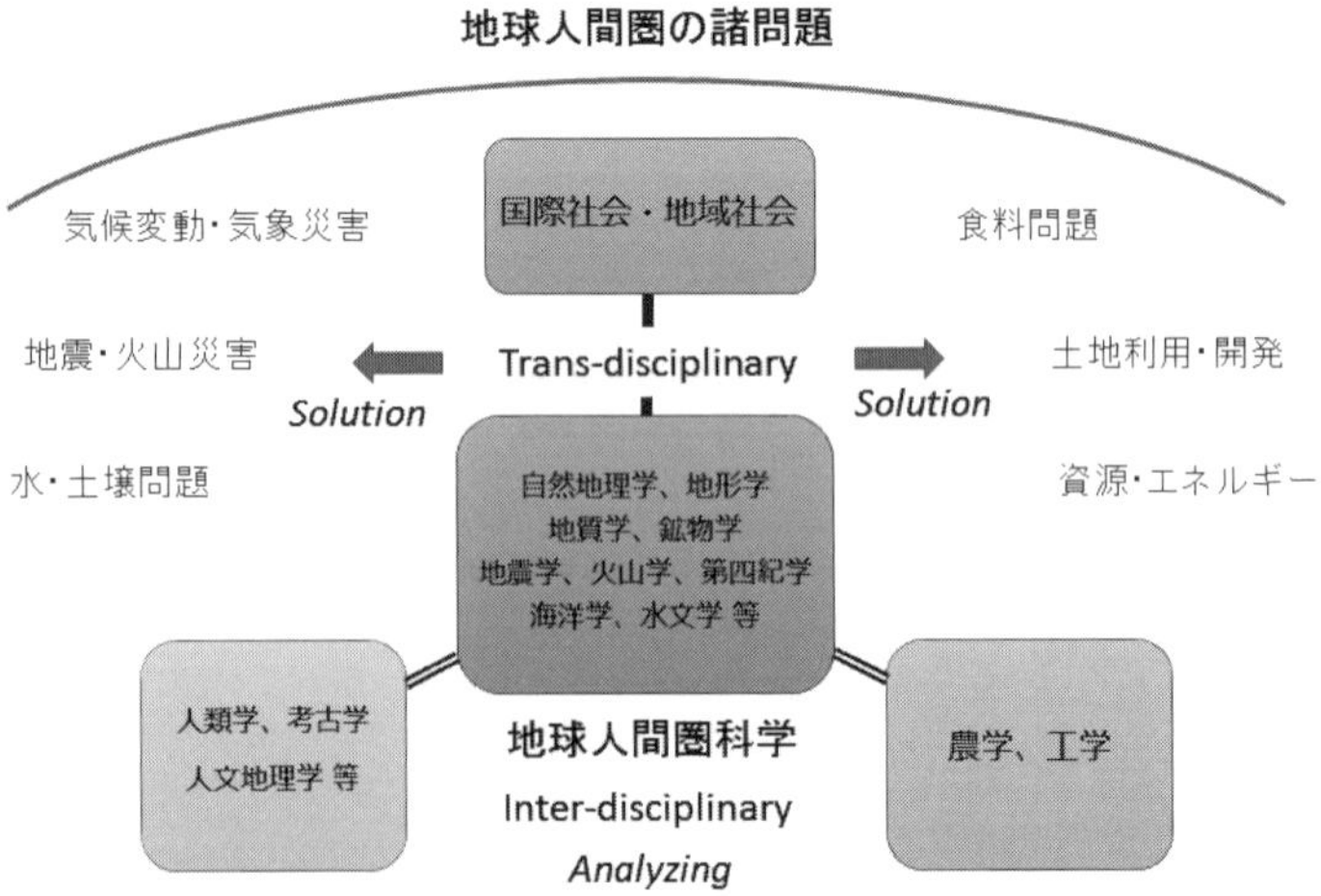

図 2　地球人間圏科学を支える学問領域とテーマ

ブラーシュによる環境可能論を対立概念とする議論も続きました。前者は「人間活動は自然環境の強い影響を受け、それに対する適応の結果として地域性が生じる」とし、後者は、自然環境は単に人間活動の可能性に影響を与えるのみであると考えました。

一方、20世紀前半には和辻哲郎著『風土―人間学的考察』（1935年）、後半には鈴木秀夫著『風土の構造』（1975年）など、自然環境と人間の思考との関係についての考察が進みました。また国際的には、ローマクラブが、人口増加や環境汚染などの傾向が続けば、100年以内に地球上の成長は限界に達するという「成長の限界」という概念を1970年代に提示し、地球環境および資源の持続可能性について、関心が高まりました。また、人間活動が排出する地球温暖化ガスの影響により、地球温暖化が進行していることが明らかとなり、地球環境学が盛んになりました。そのターゲットは地球温暖化のほか、オゾン層破壊、酸性雨、砂漠化、海洋汚染、熱帯林や生物多様性問題にも広がりました。

地球人間圏科学は、こうした地理学や地球環境学の成果に学びながら、地球惑星科学に主眼を置いて地球と人間の関係を解明することを目指しています。すなわち各種の調査や観測に基づく自然史学的データや地球物理学的データを積み上げ、地球環境およびその影響に関する将来予測に取り組んでいます。極端気象や地震・火山活動による大規模災害の予測や被害軽減策の検討、人間活動に伴う地球規模の土地利用のあり方、水資源や森林資源および鉱物資源に関する地球規模の評価、エネルギー利用の問題などは、地球人間圏科学において解決されるべき課題と言えましょう。

研究対象は幅広く、空間的にはミクロンから数千㎞単位、時間的には瞬間の現象から億年単位の現象までを含んでいます（図3）。

そもそも「人間圏」（Human sphere）という概念は、「地球と人間が重なる範囲（物質圏）」として、松井⒀により提唱されました。そこでは、地球システムは人間圏、大気圏、生物圏、地圏、海洋に分けられ、それぞれの間の炭素循環や水循環が図示されました（図4）。このように人間圏をとらえることで人間活動すなわち「文明」を評価することができ、それがかかえるさまざまな問題に対して科学的なアプローチが可能になることが示されました。今日の地球人間圏科学もその流れを引き継いでいます。

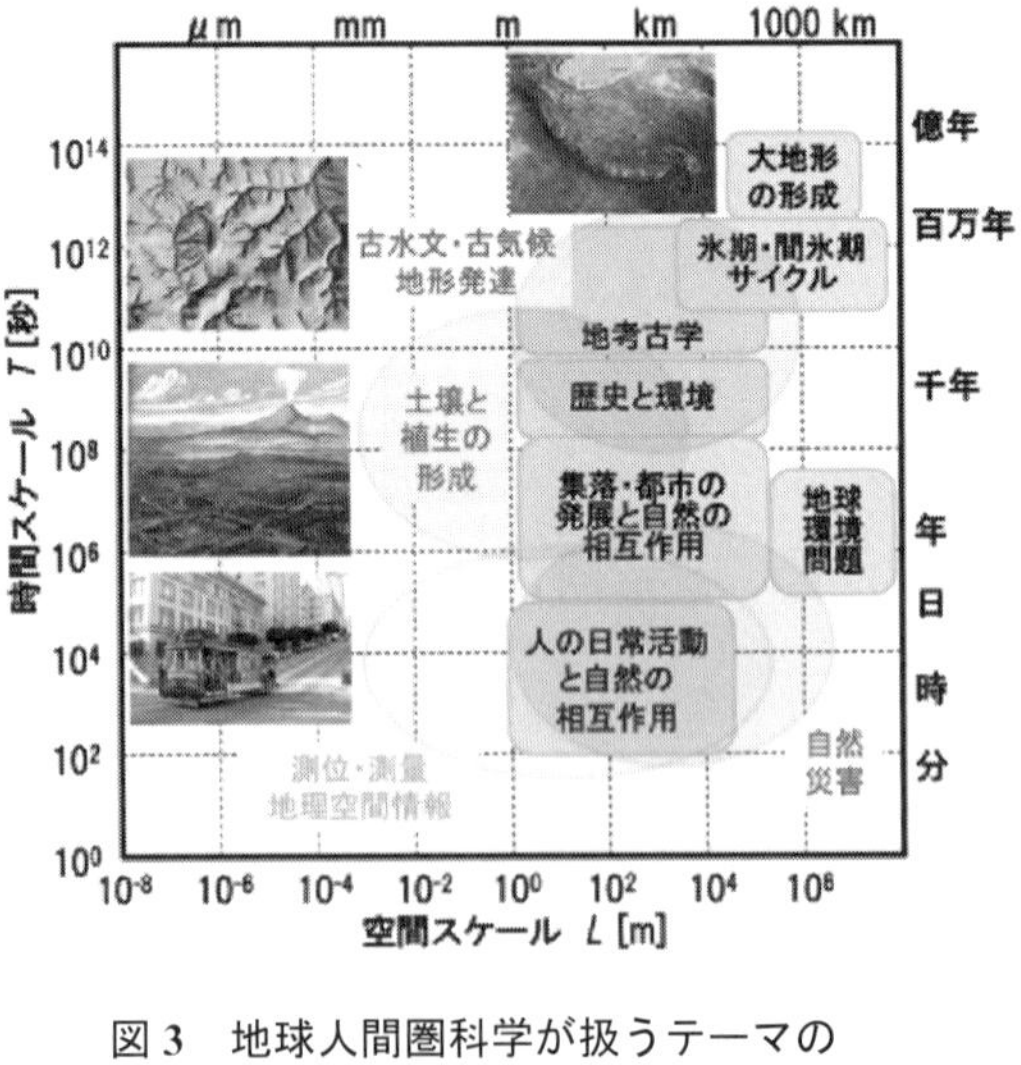

図3　地球人間圏科学が扱うテーマの時間的空間的スケール
日本地球惑星科学連合のパンフレットより.

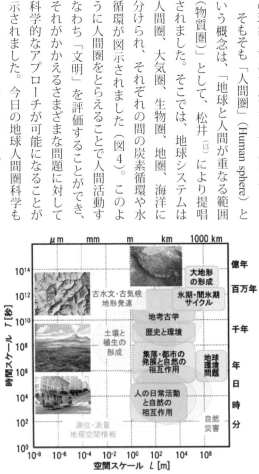

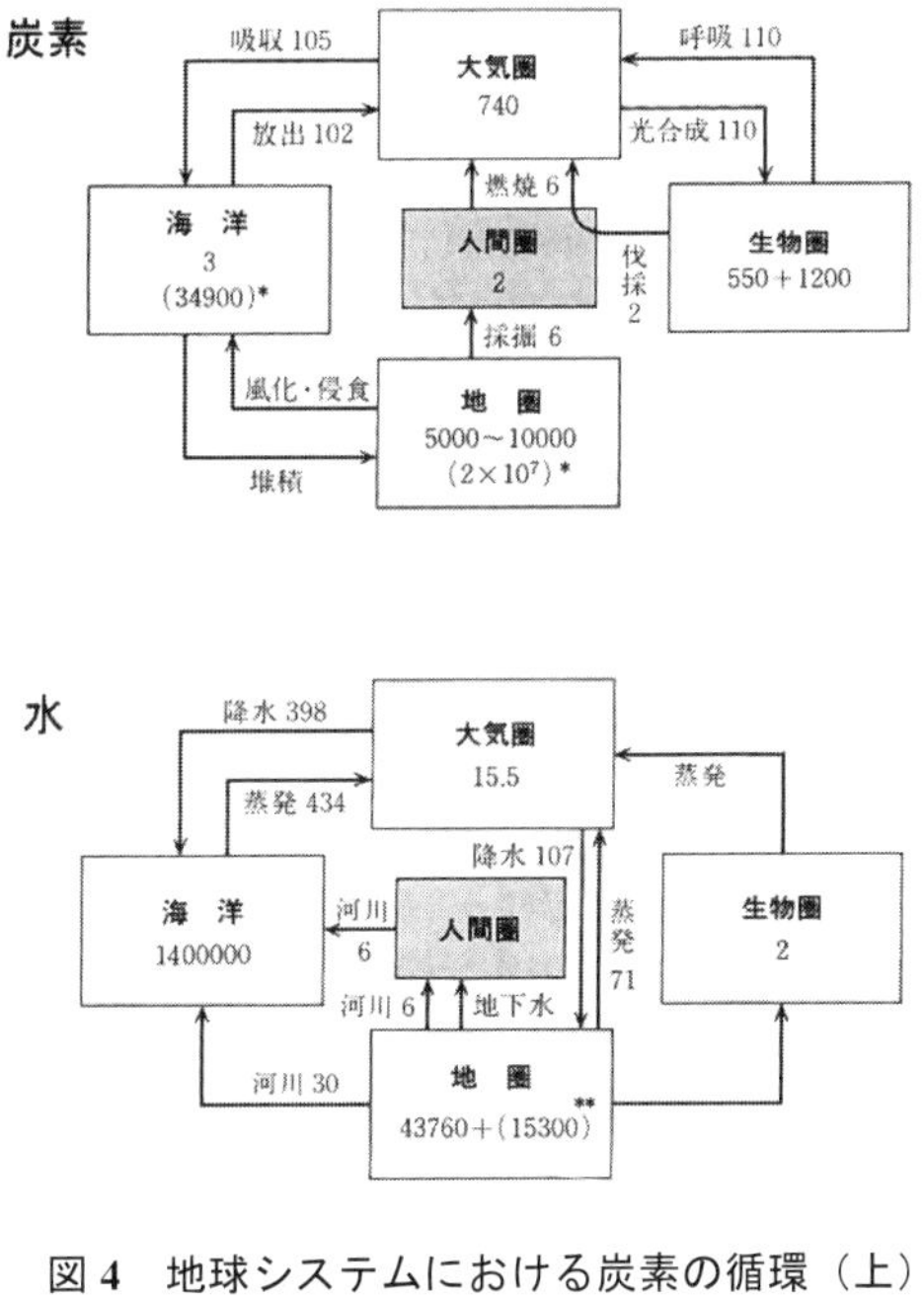

図 4　地球システムにおける炭素の循環（上）と水の循環（下）

単位は× 10^{15}kg. 移動量は年間の値.
* 無機的なもの，** 地下水によるもの.
松井[(13)]による試算.

（4）地球人間圏科学の使命

ここまで、地球人間圏科学は、地球と人間の関係に関する課題解決のための科学であるとして紹介してきました。しかしながら、科学の究極の目的は「真理の追究」であって、必ずしも課題を解決することではない、という主張もあります。その真の意味を考えてみましょう。
今日の日本社会は「それは何に役立ちますか？」と安易に問いかけ、わかりやすい答えを性急に求めがちです。しかし、何の役に立つかがわかりやすいかどうかで科学の価値が決まるものでしょうか？　何がどうなっているか、そもそもわからないという謎もたくさんあります。その謎を解明して、仕組みが理解されることで、初めてその意義や利用法、あるいは問題の解決方法が見えてくる場合も少なくありません。「不思議だ」と素朴に感じ、「知りたい」と心から願うことは科学の大きな原動力になります。地球惑星科学においてこうした知的欲求が重要であることは間違いありません。

私が専門としている活断層を例にとっても、わからないことが多数あります。1995年の阪神淡路大震災では、淡路島の野島断層という活断層が約2千年前とほぼ同様の活動をして、地表に延々と地表地震断層が現れたということがわかりました。地震の甚大な被害は淡路島だけでなく神戸や西宮にも広がりましたが、そちらでは地表地震断層は現れませんでした。地震前から六甲山地の麓に活断層（六甲断層）があることが知られていましたが、1995年にはこの断層は地表では不思議なことにまったくくずれず、そこから少し離れた平野内に「震災の帯」と呼ばれた被害集中域が生じました。我々は地震後の調査で、その「震災の帯」の下にも伏在する活断層があり、過去の地震の際に活動を繰り返したため、地形が撓《たわ》んでいることを見出しました。そして

１９９５年にも、その断層が地表を緩やかに撓ませる程度の活動を起こした可能性があると考えました。一般には、「震災の帯」が生じた理由は、特殊な地盤構造による地震動の増幅であるとする考えが多数派ですが、「震災の帯」の中の断層の影響は未だに解明されていません(14)。

活断層は一度ずれると溜まっていたストレス（応力）が解放され、再びこれが蓄積されるまで数百年以上の期間は活動を繰り返さないと考えられています。しかし複数の活断層が並走している場合にはどのように考えたらよいのでしょうか？　前述の例でいえば、「震災の帯」の下の活断層と六甲断層とは１㎞程度しか離れていません。これらが別々にストレスを蓄積すると考えるか否かによって、神戸地域の地震発生の切迫性は正反対の結論が導かれる可能性があります。

海外では20年近くモンゴルで活断層調査を行ってきました。モンゴルといえばプレート境界から遠く離れた内陸国で、安定地塊という印象がありますが、じつはそうではありません。20世紀だけでも１９０５年（Ｍ8.0とＭ8.4）、１９３１年（Ｍ8.0）、１９５７年（Ｍ8.1）、１９６７年（Ｍ7.0）など大地震が起きています。ヒマラヤ山脈の北方にあたるためインドプレートの衝突の影響が及んでいるとは理解されるものの、地震発生周期やメカニズムはよくわかっていません。１９０５年、１９３１年、１９５７年の地震断層はいずれも断層長が300㎞近く、10ｍに達する横ずれ変位を起こしていますが、そのような大規模な活断層が生じる理由も見当がつきません。60年間にＭ７以上が４回起き、その後の50年間には大地震が起きていないという不規則性の理由も不明です。こうした謎を解明したいと思い、20世紀には活動した記録のない活断層についても調査を始めました。まずは、活断層がそもそもどれだけ分布するかという基本的な謎の解明から始める必要があります。

こうした調査で、今まで誰も知らなかった事実がわかることは研究の魅力です。災害を視野に入れた研究をしつつも、断層というダイナミックな自然現象を解明できると正直言ってワクワクします。自然科学である以上、こうした好奇心も大切にしたいところです。

それでも科学者は「真理の追究」という唯我独尊の世界に留まるわけにはいきません。さまざまな説明責任が生じることも事実です。たとえば、明らかになった事実が「どれほど確実か」は、科学者本人にしか説明できません。また、その波及効果や影響についても、本人こそがいち早く気づくことができるのです。調査結果のすべてがあたかも確実であると誤解させてしまうことにより、社会的問題が生じることもあります。たとえば原子力発電所の安全性審査において、「活断層はない」と言い切ったり、「これ以上の津波は起こらない」と評価してしまうことはその一例です(15)。また核兵器開発のように、ひとつの発見が平和を損なう結果を招いたこともありました。人間生活に身近な自然環境を扱う地球人間圏科学は、人類の存続や幸不幸にかかわりやすいため、研究者のスタンスや、学問そのもののあり方は慎重に点検されなければなりません。

（5）学校教育でどのように教えるか――俯瞰型理解の重要性――

地球人間圏科学は、初等中等教育における身近な自然環境に関する理解や、防災教育、持続可能な社会づくりといった内容と密接にかかわっています。いわば自然や社会を見る目を育てることになります。この点は、地球惑星科学のなかでも地球人間圏科学の際だった特徴です。地球人間圏科学は人間や社会に、より近いとも言えますが、その分、地球惑星科学の枠に留まらず、人間や社会のこともよく理解しなければなりません。人文・社会科学でいえば人文地理学、文化人類学、心理学、社会学等にも参画を求める必要があります。土木工学や建築学等から学ぶことも多くあります。

高等学校の教育指導要領が改訂され、地歴科においては2022年度から「地理総合」と「地理探究」が設けられ、「地理総合」は必修科目になります[16]。また理科では「地学基礎」と「地学」が始まります。こうした科目のなかでも地球人間圏科学の占める割合は多くなります。

具体的に見てみると、「地理総合」は、A 地図や地理情報システムで捉える現代世界（地図や地理情報システムと現代世界）、B 国際理解と国際協力（生活文化の多様性と国際理解、地球的課題と国際協力）、C 持続可能な地域づくりと私たち（自然環境と防災、生活圏の調査と地域の展望）の3部構成となり、このうちBにおける「地球的課題」や、Cにおける「自然環境と防災」

は、地球人間圏科学の内容となっています。

「地理探究」は、A現代世界の系統地理的考察（自然環境、資源・産業、交通・通信・観光、人口・都市・村落、生活文化・民族・宗教）、B現代世界の地誌的考察（現代世界の地域区分、現代世界の諸地域）、C現代世界におけるこれからの日本の国土像（持続可能な国土像の探究）で構成され、Aの「自然環境」およびCの「持続可能な国土像の探究」は、地球人間圏科学に深く関連しています。

一方、「地学基礎」は、（1）地球のすがた（惑星としての地球、活動する地球、大気と海洋）、（2）変動する地球（地球の変遷、地球の環境（災害予測や防災を含む））であり、全体的に地球人間圏科学が担うことになります。また、「地学」は、（1）地球の概観（地球の形状、地球の内部）、（2）地球の活動と歴史（地球の活動、地球の歴史（活断層・地震・火山災害を含む））、（3）大気・海洋（大気の構造、海洋と海水の動き）、（4）宇宙の構造（太陽系、恒星と銀河系、銀河と宇宙）となり、（1）と（2）が地球人間圏科学の内容ということになります。

以上のように、地理においては持続可能な社会づくりのための科目という点が重視され、一方、地学においては身近な自然環境と人間生活との関係に重点が置かれています。

こうした科目を教育する際に最も重要なことは、細かな知識の指導に埋没するのではなく、全体を俯瞰的に見て、大づかみな理解を伝えることでしょう。地球人間圏科学が扱う課題は複雑ですが、どのように理解することが現状において最適かという「落としどころ」がわかっていれば、教育の自由度はむしろ高まるのではないでしょうか。

本書は次章以降において、その「落としどころ」をつかむべく、基本的な問いを連ねます。まずは2章において「地球温暖化」について、「地球温暖化はどこまで予測できるか?」「地球温暖化が及ぼす陸域環境への影響は?」「激化する豪雨災害をいかに緩和できるか?」という問いを設定しました。3章においては、「巨大地震と大津波・火山災害」について、地震と津波の災害はどこまで予測できるか、火山災害をいかに軽減させるか、対策上重要なことは何か、について考えます。4章においては「地球の持続可能性」に関して、土地利用の持続可能性とは、水資源の持続可能性とは、土壌と食料の将来はどうなるか、について論じます。そして、5章においては、「解決へ向けたチャレンジ」として、デジタル地図・GIS情報、Future Earthプロジェクト、脱原発社会実現の課題、大震災の起きない都市のあり方、最後に6章では、「国際的議論と行動の展開」として、最新の取り組み方を紹介します。

各節では、各著者が最初に大づかみな理解の仕方を示したうえで、解説を加えます。それにより地球惑星科学が、地理教育や地学教育を通じて学校教育にも貢献できることを祈っています。

2.1

地球温暖化はどこまで予測できるか?

鬼頭 昭雄
KITOH Akio

【論 点】

２０１６年の世界の年平均地上気温は、温度計による記録から世界平均地上気温を推定できるようになった19世紀後半の観測開始以降で史上最高を記録しました。世界の気温は１９９８年以降、主に十年スケールの自然変動の影響でそれまでの上昇傾向が停滞していましたが、２０１４年に始まったエルニーニョ現象を契機に停滞は終わりを告げ、２０１５年・２０１６年とそれぞれ観測史上最高となりました。気候変動に関する政府間パネル（IPCC）第５次評価報告書（AR5）にまとめられた気候モデルの予測によると、20世紀末から21世紀末までの昇温量（１９８６～２００５年平均と２０８１～２１００年平均の差）は、厳しい緩和シナリオで0.3～1.7℃、非常に高い温室効果ガス排出シナリオでは2.6～4.8℃の範囲に入る可能性が高いと予測されています。この不確実性の幅はどこから来るのでしょうか？

地球温暖化予測の不確実性にはいくつかの要因があります。気候に内在する自然の変動性によるもの（気候内部変動）、温室効果ガスやエーロゾル（エアロゾル）の排出がこれからどうなるのか（シナリオ不確実性）、それに対する気候の応答のモデル化（モデル不確実性）です。近未来にあっては、自然の変動性と気候モデルが不完全なことによる不確実性が大きく、21世紀後半以降の将来にあっては、二酸化炭素の排出シナリオの不確実性が大きくなってきます。また、不確実性の程度は、世界平均の議論かある特定の地域の気候変化についてかによって異なりますし、気温か降水量かなどの対象によっても異なります。しかし21世紀の中頃までには、私たちがどの排出シナリオを選択するかの違いが、予測される変化の大きさに顕著に表れるようになってきます。いいかえれば、どのような社会構造を私たちが選択するのかによって将来の気候変化の大きさが決まる、すなわち私たち人間が温暖化の大きさを決定するのです。

（1）「地球温暖化」とは？

地球の歴史を通じて気候は大きく変化してきました。地球を構成する、大気・陸地・雪氷・海洋や生物の相互のいとなみによるものです。人類の誕生以来、その活動が主に農業活動を通じて、気候に影響を及ぼしてきましたが、産業革命以降は、その影響の度合いが加速度的に大きくなってきています。

過去百年あまりの観測結果によると、大気と海洋は温暖化し、雪氷の量は減少し、海面水位は上昇しています。地球が暖まってきているのです。産業革命以降増加している、人間活動で大気中に排出した二酸化炭素などの温室効果ガスの影響であることが確実とされています。経済成長と人口増加からもたらされる温室効果ガスの排出は加速しており、このままでは世界全体で数度の温暖化は避けられません。これを「地球温暖化」と呼んでいます。

地球温暖化の本質は「温室効果」です。大気には窒素と酸素でほぼすべてを占めますが、微量気体として二酸化炭素やオゾンなどが含まれています。また、水が気体（水蒸気）や液体（雲や雨）や固体（雪）の形で存在しています。

地球の気候は太陽から届くエネルギーにより成り立っています。地球の気温は、太陽から地表面に達するエネルギーと、地表面から宇宙空間へ逃げるエネルギーのバランスで決まります。

太陽から地球大気上端に到達するエネルギーは、全地球で平均すると1㎡あたり約340ワットです。大気上端に達した太陽光線の約30％が宇宙空間に反射されているので、地球表面と大気に吸収されるエネルギーは1㎡あたり約240ワットになります。入射エネルギーと平衡するように、地球自身も、平均して同じ量のエネルギーを宇宙空間へ放射しています。240ワットを放射するには、地球表面の温度はマイナス18℃くらいでなければなりません。これは、実際の地球表面よりずっと低温です（世界平均地上気温はおよそプラス15℃）。この差は、地球大気に温室効果ガスが存在するためです。

最も重要な温室効果ガスは、水蒸気と二酸化炭素です。温室効果ガスは地球表面から放射される赤外線を吸収しますが、太陽から放射される可視光線は吸収しにくいという性質があり、陸や海から放射された赤外線エネルギーの多くが、温室効果ガスに吸収され、その後再び地表へ向けて放射されます。このため、太陽から直接受け取るエネルギーよりもさらに多くのエネルギーを地球表面は受け取ることになります。これが「温室効果」です。

人間活動により二酸化炭素などの温室効果ガスを大気中に排出することで、温室効果が強化され、地球の気候が温暖化します。温暖化によって大気が暖まると、大気中の水蒸気の量が増加します。水蒸気自身にも温室効果があるので、このことはさらに温室効果を強めることになり、そしてこれがさらに温暖化を促し、水蒸気がさらに増加するという正のフィードバック（自己強化）

を形成します。この水蒸気の効果は、二酸化炭素自身の温室効果よりも大きいものですが、人間活動が水蒸気量そのものを制御できるわけではないので、人為的な温室効果ガスには含めません。

(2) 地球温暖化予測

【気候モデル】

地球の気候は、大気、海洋、地表面、雪や氷、生態系などの要素から構成され、それぞれの要素の間でエネルギー、水、その他の物質をやりとりすることによって複雑に相互作用をする総合的なシステム（気候システム）です。

地球温暖化予測では、地球の気候を模した気候モデルを使用します。気候モデルは、気候システムを構成する大気、海洋等のなかで起こることを、物理法則（流体力学、放射による加熱や冷却、水の相変化などを記述する運動方程式と連続の式）に従って定式化し、計算機のなかで擬似的な地球を再現する計算プログラムです。

ここ30年間、気候モデルは発展を続けてきました。大気・海洋・陸面の諸過程をモデル化し、太陽エネルギーの大気や海面・陸面での反射・吸収・散乱、大気と海洋による熱の輸送、大気と海洋および陸面間の熱や水蒸気の交換、水蒸気が大気中で雲になり雨や雪を降らせる過程を計算します。二酸化炭素や水蒸気などの温室効果ガスが放射に与える影響もきちんと計算されています。自然起源や人為起源のエーロゾル（エアロゾル：大気中に分散する微粒子）が放射過程に及ぼす影響はもちろん、エーロゾルが雲の形成や寿命に及ぼす影響もモデル化されています。

気候モデルに過去の観測された温室効果ガス濃度、エーロゾル量、土地利用変化を境界条件として与えることで（自然起源の太陽活動変化や火山噴火による成層圏へのエーロゾル注入も境界条件として与える）、産業革命以降現在までの気候の再現実験ができます。それぞれの境界条件の影響を個別に評価することも可能で、そのような実験を通じて、「人為起源の温室効果ガスの排出が、20世紀半ば以降に観測された温暖化の支配的な原因であった可能性がきわめて高い」との原因特定がなされています。

【シナリオ】

気候モデルで将来の気候予測を行うにあたっては、人間活動に伴う将来の温室効果ガスやエーロゾルの排出量あるいは濃度および土地利用の時系列データが必要です。過去の気候再現においては、観測されたデータを統合したデータセットを用意できますが、将来予測にあたっては、それらが将来どうなるかの仮定をおきます。

これをシナリオといい、将来の人口、経済活動、生活様式、エネルギー利用、土地利用パターン、技術および気候政策に依存する温室効果ガス濃度やエーロゾルの年ごとの排出量のデータからなります。直近の温暖化予測は、第５期結合モデル相互比較実験（CMIP5）として、世界の気候モデルセンター／グループで実施されたもので、IPCC. AR5で使われました。CMIP5では、厳しい緩和シナリオから非常に高い温室効果ガス排出シナリオまで、人間活動のさまざまなシナリオを代表する複数の温室効果ガス排出量および大気中濃度等の４つのシナリオが用意されました。これらは代表的濃度経路（ＲＣＰ：Representative Concentration Pathways）と呼ばれ、RCP 2.6 / RCP 4.5 / RCP 6.0 / RCP 8.5 は２１００年時点の放射強制力の大きさがそれぞれ１㎡あたり2.6／4.5／6.0／8.5ワットとなるシナリオです。

図１が４つのＲＣＰシナリオの濃度経路です。このうち３つの安定化シナリオは21世紀の気候政策を考慮したものです。RCP 6.0（高位安定化シナリオ）は２１００年まで強制力の大きさが増え続けるシナリオ、RCP 4.5（中位安定化シナリオ）は強制力の大きさが２１００年までにピークを迎えその後安定化するシナリオ、RCP 2.6（低位安定化シナリオ）は強制力が今世紀半ばにピークを迎えその後減少するシナリオです。RCP 2.6 シナ

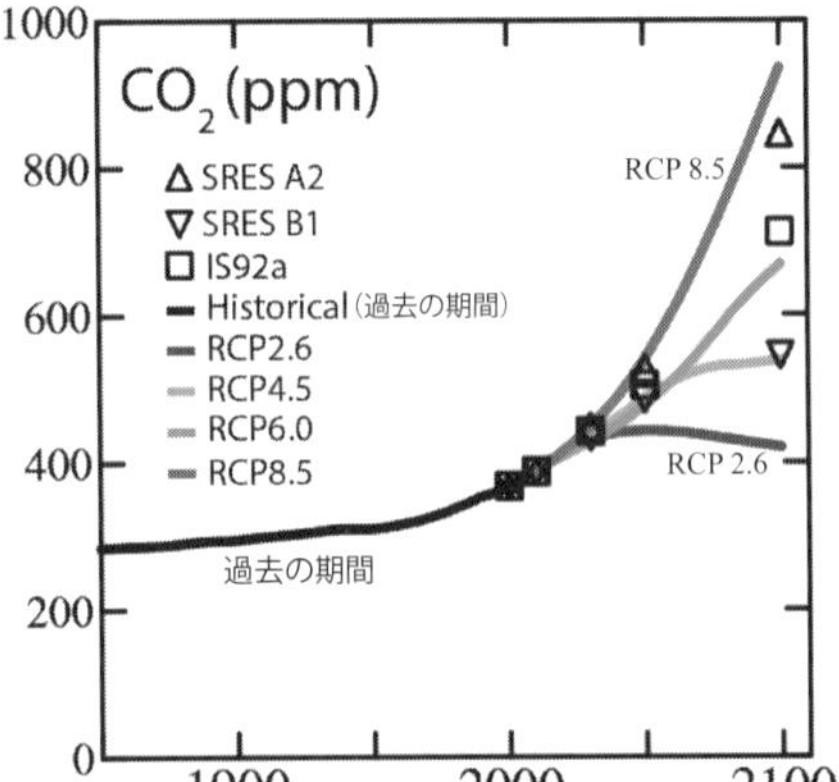

図１　1850 ～ 2100 年の二酸化炭素濃度シナリオ
IPCC WGI AR5 Fig.8.5 より.

リオでは今世紀後半の世界全体の排出量はゼロに近いかマイナスになることを想定しています。２１００年時点での大気中二酸化炭素濃度は、それぞれ約670、538、421ｐｐｍで、RCP 8.5（高位参照シナリオ）では約936ｐｐｍとなります。

排出された温室効果ガスやエーロゾルが大気中に留まる寿命はさまざまです。対流圏中のエーロゾルの寿命は短く1日～1週間ですが、火山噴火などにより成層圏に到達したエーロゾルは１～2年の寿命をもつことがあります。温室効果ガスの寿命は種類によって異なり、二酸化炭素の寿命は殊に長く数十年の寿命があるため、二酸化炭素の排出が温暖化を左右するといえます。現在、人為起源エーロゾルは東アジア・南アジアで多く排出されています。エーロゾルは大気汚染物質でもあることから、健康被害回避のために将来的には大きく削減されるでしょう。エーロゾルはその種類によって冷却効果をもつものと温室効果をもつものがあります。エーロゾル全体としては冷却効果があり、二酸化炭素等による温室効果を部分的に相殺しているものの、将来はその相殺効果は小さくなり、二酸化炭素増加の影響が大きく表れるようになるでしょう。

【世界平均気温の予測】

世界平均地上気温予測を見てみましょう。図2は１９５０～２１００年の時系列です。すべてのＲＣＰシナリオにおいて、世界平均気温は21世紀にわたって上昇し続けますが、21世紀半ば頃から、地球温暖化の速度はシナリオに強く依存し始めます。21世紀末までの昇温量（１９８６～

２００５年平均と２０８１～２１００年平均の差）は、RCP 2.6 シナリオ（低位安定化シナリオ）で0.3～1.7℃、RCP 8.5 シナリオ（高位参照シナリオ）では2.6～4.8℃の範囲に入る可能性が高いと予測されます。可能性の高い範囲とは、モデル予測の５～95％の信頼幅です。

図２の陰影で示されるように、それぞれの気候モデルによって、同じ強制力（同じ温室効果ガスの大気中濃度）を与えても、雲のでき方や海洋の暖まり方などのモデルの応答が異なり、温暖化の大きさに不確実性をもたらします。気候変動は二酸化炭素等の温室効果のみで起こるのではなく、水蒸気、雪氷、雲が関係するフィードバックがかかわってくるからです。水蒸気は高い温室効果を持っており、気温が高くなるほど大気中の水蒸気量が増加し温室効果を高める正のフィードバックがあります（水蒸気フィードバック）。雪氷はその高い反射率（アルベド）により太陽エネルギーの多くを反射するので、温暖化で雪氷面積が縮小するにつれてその効果は小さくなり、太陽エネルギーをより吸収し、温暖化を強めるという正のフィードバックを持ちます（雪氷フィードバック）。雲のフィードバックはより複雑です。下層雲は一般的に厚いため太陽エネルギーを反射する性質が大きく冷却作用があるものの、上層雲は薄く反射による冷却作用より温室効果が勝ると考えられています（雲フィードバック）。これらさまざまなフィードバックが合わさることにより、もともとあった二酸化炭素等の温室効果が増幅（一部減少）されるのです。

これらのフィードバックの大きさは観測された気候変動からある程度規定することができます

が、個々の気候モデルの定式化の違いにより、見積もりにはばらつきが生じ、使用するモデルによる不確実性が出てきます。なかでも不確実性が大きいのは雲の振る舞いで、温暖化することで、下層雲や上層雲がどう変化するかが気候モデルごとに異なっており、大きな不確実性をもたらす原因となっています。

先に指摘したように、21世紀半ばくらいまでは、RCP 2.6シナリオによる予測の可能性の高い範囲とRCP 8.5シナリオによるものとが重なっていますが、それ以降は両者が分離し、21世紀末には明瞭に異なる昇温量となります。このことは、21世紀半ばまでの近未来予測では気候モデル間の不確実性が、シナリオ間の不確実性よりも大きいことを示す一方で、より将来においてはどういったシナリオになるかが気候を決めることを意味しています。温暖化の大き

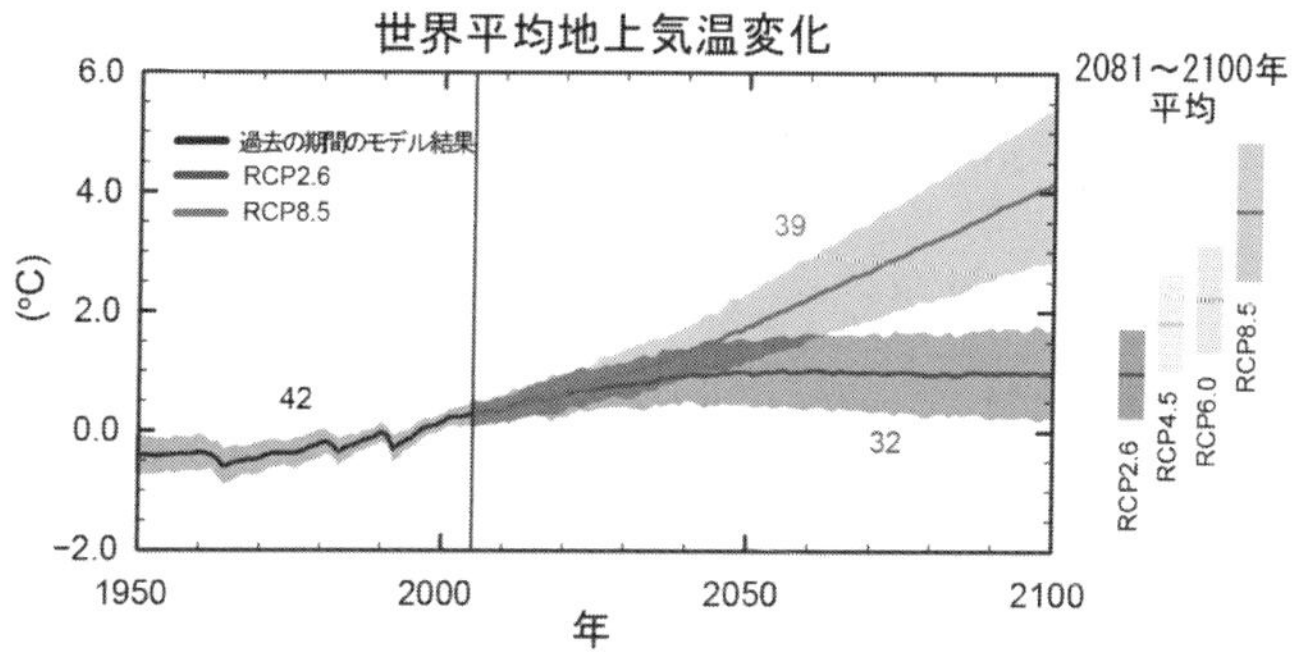

図 2　1950~2100 年の世界平均地上気温時系列（1986~2005 年からの差）

太線は CMIP5 モデル平均、影はモデル間の 5~95％の範囲．図中の 39 や 32 といった数字は，それぞれのシナリオでの計算に用いられた気候モデルの数．右横のバーは各 RCP シナリオでの 2081~2100 年の平均とモデル間の不確実性の幅を示す．IPCC WGI AR5 Fig. SPM.7 より．

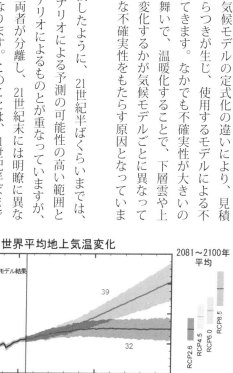

さを決めるのは人間が決める温室効果ガス、とくに二酸化炭素の排出量であるということです。

（3）二酸化炭素累積排出量と気温変化

二酸化炭素の累積排出量とは、人類が大気中に排出した二酸化炭素の総量です。2011年までの総排出量はおよそ5150億トンになります。IPCC第5次評価報告書では、二酸化炭素の累積総排出量と世界平均地上気温の上昇量は、ほぼ比例すると結論しました（図3）。つまり二酸化炭素の総排出量によって、今後21世紀末までの世界の平均気温の昇温量が決定されるということです。

2015年の第21回気候変動枠組条約締約国会議で採択され、2016年11月に発効したパリ協定では、産業革命前からの世界の平均気温の上昇を2℃未満に抑え、さらに、1.5℃未満を目指す、としています。

図3の関係から、たとえば温暖化を2℃未満に抑えるには累積排出量をどれだけに抑えなければならないかわかります。温室効果ガスには、二酸化炭素以外にメタンなどもあるので、それら二酸化炭素以外の強制力も考慮する必要があります。これらは、二酸化炭素換算で考慮することにします。図の陰影は予測の不確実性を表しますので、「66％を超える確率で2℃未満に抑える」

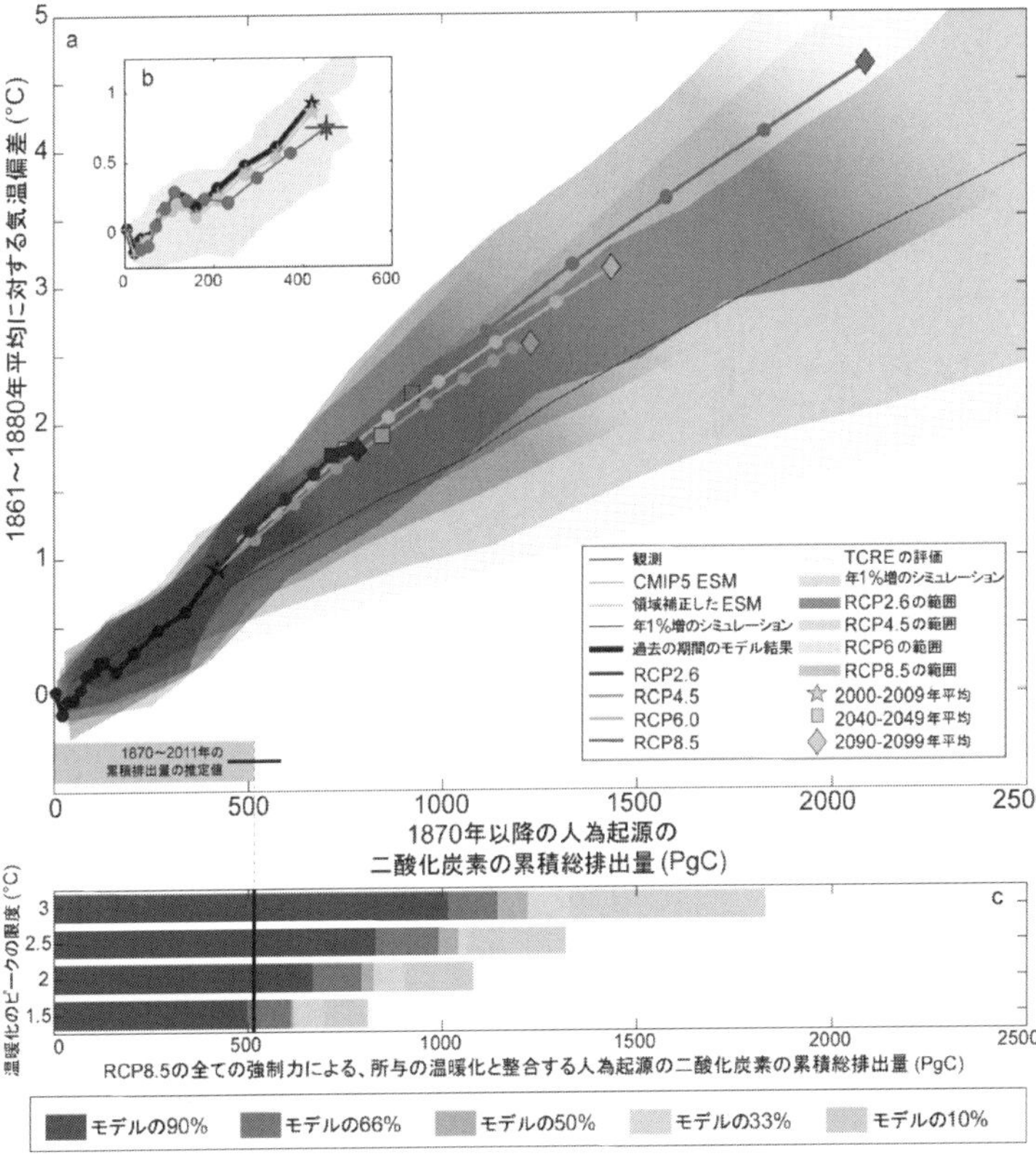

図 3　世界全体の二酸化炭素累積総排出量の関数として示した 1861~1880 年以降の世界平均地上気温上昇量

上側の陰影部分は 4 つの RCP シナリオでの複数モデル平均とその幅 (90%範囲) を示す．下側の陰影部分は二酸化炭素を 1 年あたり 1% ずつ増加させた場合．1PgC はギガトン（10 億トン）の炭素で，二酸化炭素換算で 3.667 ギガトン（36 億 6,700 万トン）.
IPCC WGI AR5 TFE.8, Fig.1 より．

には、二酸化炭素排出量を（炭素量にして）７９００億トン以下に抑える必要があることがわかります。２０１１年までの総排出量はおよそ５１５０億トンでしたから、残り２７５０億トンとなります。現在の1年間の排出量が約１００億トンなので、単純計算だと30年でこの限界に達することになります。

「66％を超える確率で2℃未満に抑える」とは、逆にいえば2℃を超える確率が33％あることになります。科学的知見がいまだ不十分な永久凍土やメタンハイドレートから温室効果ガスが放出される可能性を考慮すると、２℃未満にするには、７９００億トンよりかなり低く抑えなければいけないことをも意味しています。昇温量が二酸化炭素の累積総排出量で決まるということは、より早い時期により多くの排出があった場合には、後になってより強力な削減が必要になるということを意味しますので、早い対応が必要ということでもあります。

（4）地球温暖化予測からのメッセージ

前述のように、気候を形成する諸過程が気候モデルでは考慮されてはいるものの、そのモデル化の手法はさまざまです。個々の気候モデルでの雲の扱いを見てみましょう。計算機の制約から、気候モデルの水平格子サイズは約100㎞と、雲のサイズより格段に粗いため、一つ一つの雲は表現できません。そのため、格子サイズの物理量（気温、湿度など）から雲の形態を仮定することになります。雲から雨雪への変換プロセスもモデル化します。雲の形態や量により太陽放射エネルギーの反射・吸収量が変わり、地球のエネルギー収支に影響を及ぼします。地表面と大気の熱・水蒸気・運動量の交換や大気・海洋中の熱輸送などにおいても同様です。どのような仮定をおいてモデル化するかで、得られる結果は変わってくるために、気候モデルから得られる結果にはばらつき（不確実性）が出てきます。

世界平均気温の予測に関しては、気候予測に用いる気候モデルの不完全さの故に、気候モデル間で定量的な予測には、図2や図3の陰影のように不確実性が出てきます。しかし図2に見たように、気温変化量に関しては、排出シナリオによる違いがさらに大きいこともわかります。21世紀の中頃までには、どの排出シナリオを選択したかの違いが、予測される変化の大きさに顕著に表れるようになってくるでしょう。いいかえれば、どのような社会構造を我々が選択するのか。それによって将来の気候変化は大きく変わってきます。温暖化の大きさは人間が決める、ということであり、私たちに選択権があることを意味しているのです。

2.2 地球温暖化が及ぼす陸域環境への影響は？

海津 正倫
UMITSU Masatomo

【論 点】

地球温暖化による陸域環境への影響はそれぞれの地域の持つ地域特性と深くかかわっていて、その影響は単純あるいは画一的ではありません。とくに温暖化に伴う海面上昇や、台風やサイクロンなどの熱帯低気圧の強大化などによる洪水や高潮の規模の増大は、多くの人々が生活する地域に対して多大な影響を及ぼします。なかでも途上国においては経済的な理由からインフラの整備が十分でない所も多く、それらの現象に対してきわめて脆弱な状況が発生しています。

人口が多くきわめて低平な土地が広がるデルタ地域や、狭く海面とあまり高さの差のない土地に人口が集中している珊瑚礁地域などにおいては、わずかな海水準の上昇が土地自体の消失を引き起こし、人々の生存基盤さえ失ってしまう危険性をはらんでいます。また、洪水による氾濫域の拡大や浸水深の増大も人々の生活に大きな影響を与え、三角州やその背後の沖積平野などにおける人々の生活に多大な影響を及ぼします。我々はそのような場所について陸域環境の脆弱な場所を知り、それぞれの場所の土地条件について科学的に理解し、対応することが重要であると考えます。

一方、著しい温暖化とそれに伴う海面上昇は、地球の自然史のなかでも繰り返して進行してきた出来事であり、そのような出来事によって海岸やデルタなどの環境がどのように変化してきたのかといったことを知ることは将来に向けての地球環境を考えるうえで意味があると考えられます。とくに、第四紀更新世末の最終氷期から完新世の後氷期にかけての時期には顕著な温暖化が進み、海面上昇によって海岸域の先史遺跡が水没したという事例もあり、海面上昇に対して脆弱な場所や洪水・氾濫の影響を受けやすい土地条件などを地域特性として把握することが可能であると思います。

これらの点をふまえて、我々は、そのようなそれぞれの地域特性をよく理解し把握するとともに、それぞれの地域の社会・経済的条件に応じて適切な対応策を考えていくことが必要であると考えます。

（1）グローバルおよびローカルに現れるさまざまな影響

我々を取り巻く自然環境は多様な要素によって構成されています。それらは自然環境システムとして相互に関連し、空間的な多様性をもって時間とともに変化しています。そして、そのような自然環境システムは我々の生活と密接にかかわり、我々にさまざまな影響を与えているのです。IPCC（気候変動に関する政府間パネル）第5次評価報告書（以下IPCC5）[1]では気候変動の主要な8つのリスクをあげています。そこには、①高潮、沿岸域の氾濫および海面水位上昇による沿岸の低地ならびに小島嶼開発途上国およびその他の島嶼における死亡、負傷、健康障害、生計崩壊のリスク、②いくつかの地域における内陸洪水による大都市住民の深刻な健康障害や、生計崩壊のリスク、さらに、⑤都市および農村におけるより貧しい住民にとっての、温暖化、干ばつ、洪水、降水の変動および極端減少に伴う食糧不足や食糧システム崩壊のリスクなどがあげられています。

これらのリスクは自然環境システムの変化によるもので、これまでの自然システムのなかで培われてきた人々の生活が急激な温暖化に伴う変化のもとに変容する可能性のあることが指摘されています。たとえば海面上昇の問題に関しても、1カ月、1年といった程度の期間においては人々が海面の上昇を意識することはほとんどありませんが、十年前と比べてみると、大潮の際に浸水する範囲が拡大したとか、海岸侵食によって海岸線が後退したとかの目に見える現象に気づくことがあるのです。

「木を見て森を見ず」という諺がありますが、毎日の身近な出来事ばかりを見ていると、大きな変化や変動を見失ってしまうことがあります。我々を取り巻く自然システムのさまざまな現象は日変化、月変化、年変化というようにさまざまなスケールで変化しています。それらは毎日、毎月、毎年同じように変化しているように見えますが、さらに長いスケールでみると、全体として絶対値が変化していたり、ベクトルが変化していたりすることも多いのです。このような比較的長い時間スケールでものごとを考えることは地球規模の環境を考えるうえではとても重要で、そのような変動の影響を受けやすい脆弱な場所に住んでいる人々にとってはまさに生存を脅かされる問題と繋がっています。

写真 1　1991 年 4 月 29~30 日のサイクロンによる高潮で侵食された海岸線と消失した集落

地球上の自然環境はさまざまで、それぞれの地域においてさまざまな特質を持っています。そしてそれぞれの場所や地域の特質は自然環境変化というインパクトに対してさまざまな反応をしています。IPCC5の指摘するように、海岸地域では海面上昇によって沿岸の低地や珊瑚礁の島嶼部などにおいて浸水・水没が引き起こされ、居住地域の消失をはじめとする人々の生活基盤の消滅が引き起こされます。さらに、海水温の上昇とかかわって巨大台風やサイクロン、ハリケーンの発生頻度が高まり、著しい高潮による被害の増大も懸念されています。また、そのような熱帯低気圧に伴う降水量や降水強度の増大は陸域における著しい水害を引き起こし、内陸側の地域における広域的な浸水域の拡大ばかりでなく、顕著な土砂災害を引き起こし、家屋や田畑が破壊され、住民の深刻な生計崩壊が引き起こされることがあります。また、降水量の減少が発生する地域では、作物生産に支障を来すだけでなく、飲み水の確保が困難になるようなことも起こり、そのような点からの人々の生存が脅かされることにもなるのです。

このような自然的な変化の影響は、それぞれの場所や地域が置かれている社会・経済的な条件によって人々が受けるインパクトに違いをもたらします。たとえば、三角州や珊瑚礁島嶼の臨海地域などではわずかな海面上昇でもその影響を直接的に受けることが想定されますが、経済的に豊かな地域では海岸線に沿って堅固な堤防をつくり、排水設備を充実させて海面上昇や顕著な高潮の影響を回避しようとすることが可能です。それに対して、経済力の弱い地域では、対応する施策が十分に行われずに、さまざまな影響や被害が拡大してしまうのです。

多くの日本の人々は海面上昇が途上国の問題であるとしてしか考えておらず、自分たちの問題として危機感を持つことはほとんどないように思われます。これに対して、南太平洋のツバルなどでは顕著な海岸侵食によって海岸線が後退するし、生活の場が失われつつあってきわめて危険な状況となっていて、明日の我が身、あるいは子どもたちの将来を深刻に考えなくてはならない状況に陥っているのです。土地の消失に至らずとも、満潮時に浸水する場所も拡大しつつあり、インドネシアのジャカルタ市郊外の海岸部では日常的に町が水没し、大潮の満潮時にはその深さが1m近くにも達する所があります。そこでは海岸線には貧弱な海岸堤防が建設されているものの、満潮時には堤防の高さが海水位より低くなってしまうため、海水が乗り越えて浸水・氾濫するのです。

このような途上国の海岸地域の状況を日本と比べてみると、明らかに社会・経済的な状況の違いが人々の生存にかかわっていることがわかり、我々は地球規模の視野を持って自然環境の問題、とくに地球規模の温暖化の問題を考えることが重要であることを意識しなくてはなりません。

（2）自然史から学ぶ意義――縄文人も経験した温暖化と海面上昇

自然システムの変化は、じつは現在のみならず過去の自然史のなかでも繰り返してきました。とくに、急激な温暖化と著しい海面上昇のみられる第四紀末期の完新世前期から中期にかけての時期、すなわち1万年前から6～7千年前頃までの時期には、現在では沖積平野や海岸平野となっている臨海地域が急激に水没して海湾や奥深い入江の状態へと変化したことが知られていて、関東平野でいえば東京下町低地（中川低地）や霞ヶ浦や北浦と繋がる利根川（江戸時代に流路変更が行われる前は鬼怒川）の下流域などが入江となっていて、その入江が現在の東京湾沿岸から70㎞も内陸の埼玉県の栗橋付近にまで達していたことが明らかにされています。

このような後氷期の海面上昇は氷床や谷氷河の氷が融けて、海に流れ込み、海水量が増加して海面が上昇するという自然システムの変化による現象で、現在問題となっている温暖化による海面上昇も基本的には同様の現象です。後氷期における海面上昇の記録は地域によって必ずしも一致しませんが[2・3]、完新世の始まる約1万年前から7千年ほど前までのおよそ3千年間で40ｍ前後上昇したとすると、100年間では1.3ｍ程度上昇したことになり、IPCC5において十分な対応策が

表1　1986~2005年平均を基準とした21世紀中頃と21世紀末における，世界平均地上気温と世界平均海面水位上昇と変化予測

		2046～2065年		2081～2100年	
	シナリオ	平均	可能性が高い予測幅[c]	平均	可能性が高い予測幅[c]
世界平均地上気温の変化（℃）[a]	RCP2.6	1.0	0.4～1.6	1.0	0.3～1.7
	RCP4.5	1.4	0.9～2.0	1.8	1.1～2.6
	RCP6.0	1.3	0.8～1.8	2.2	1.4～3.1
	RCP8.5	2.0	1.4～2.6	3.7	2.6～4.8
	シナリオ	平均	可能性が高い予測幅[d]	平均	可能性が高い予測幅[d]
世界平均海面水位の上昇（m）[b]	RCP2.6	0.24	0.17～0.32	0.40	0.26～0.55
	RCP4.5	0.26	0.19～0.33	0.47	0.32～0.63
	RCP6.0	0.25	0.18～0.32	0.48	0.33～0.63
	RCP8.5	0.30	0.22～0.38	0.63	0.45～0.82

IPCC5，気象庁訳（2013）[4].

とられない場合のシナリオで見積もられている1986〜2005年の平均に対する100年後の海面上昇量（表1のRCP 8.5の値である0.45〜0.82）より大きな値であったことがわかります。この時には、海岸域に生活していた縄文人たちは海面上昇によって生活の場を追われ、愛知県の知多半島に存在する先苅貝塚や佐賀市の東名遺跡のように生活の場を放棄した例もあります(5・6)。

一方、当時の自然環境の変化は縄文人や旧石器時代の人々をとりまく景観にも大きな変化を引き起こしました。旧石器時代の終わり頃にあたる2万年前頃は最終氷期の最寒冷期にあたっていて、当時の日本列島では年平均気温が現在より7〜8℃ほど低い状態になっていたとされています(7)。関東地方南部ではブナなどを含む冷温帯落葉広葉樹林が卓越していて、現在の東北地方北部から北海道南部のそれに近いものでした(8・9)。その後、海水準の上昇と並行して気温も急激に上昇をはじめ、温暖な約7千年前の縄文時代前期頃には植生景観も大きく変化し、常緑広葉樹林（照葉樹林）が範囲を広げ、本州の太平洋岸や瀬戸内海沿岸などの広い地域にも拡大したことが知られています。

このような気候変動に伴う植生の変化は縄文人たちの食生活にも影響を与えてきましたが、近年の温暖化においても作物栽培に影響があることが指摘されていて、とくに冷涼な気候下で生産されているレタスなどの高原野菜やリンゴなどの生産可能地域に変化を引き起こすことなどが指摘されています(10・11)。

（3）フィールド調査で知る温暖化の影響

世界各地ではすでに温暖化の影響がさまざまな形で現れています。とくに、多くの人口が集中しているアジアの各地では、きわめて不安定な脆弱な場所にも人々が生活し、わずかな自然の変動がその影響を直接的に及ぼす場所となっています。

メコンデルタの南部では土地の高さが、水面の高さに比べてわずか数十㎝以下という所もあり、満潮時には日常的に家の周りが水没するという所も存在します。現地を訪れてみると水路との境には堤防がない所が多く、土地自体の水没や河岸の侵食の危険性がきわめて高いと考えられます(写真2)。また、低平なデルタの内陸側の地域やそれに続く氾濫原では排水状況が悪く、浸水被害が発生しやすいと考えられます。とくに低平なデルタでは、高潮や顕著な高潮位の際に海へ注ぐ河川下流部の水位が高まって上流側か

写真2　水路の水面と土地の高さがほとんど変わらない場所に立地するメコンデルタ南部の民家

らの洪水流がブロックされ、氾濫が助長されることも心配されます。２０００年９月から12月にかけて東南アジアの各地で続いた大水害ではメコン川の河口からはるか２００km内陸の地域でも干満の影響を受け、水位が下がったあとでも満潮の時期ごとに再度氾濫が繰り返したことが知られています（図１）(12)。同様のことはきわめて低平なガンジスデルタにおいても発生しました。ガンジスデルタに立地するバングラデシュでは１９８７年と１９８８年に大水害が発生し、とくに１９８８年の水害では国土の４分の３が水没するという著しい被害を受けましたが(13)、内陸部ではメコンデルタと同様に河川が潮汐の影響を受けて周期的な水位変化が引き起こされました(14)。

一方、温暖化に伴うサイクロンや台風の強大化によって大規模な高潮の被害を受けることも懸念されています。バングラデシュでは強大なサイクロンの襲来によって数十万人に及ぶ犠牲者を出したこともあり(15・16)、このような所ではわ

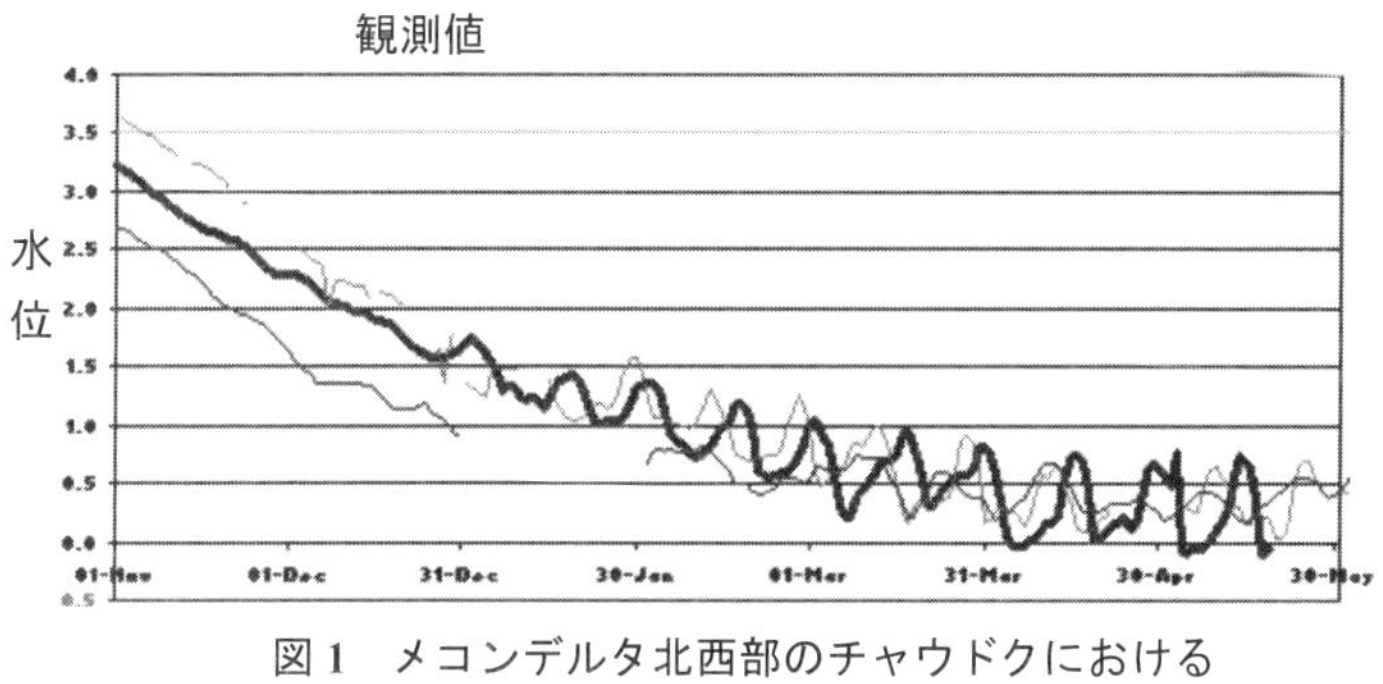

図１　メコンデルタ北西部のチャウドクにおける2000年11月から2001年5月にかけてのメコン川（バサック川）の水位変化（太線）

メコン委員会の資料による．

ずかな海面の上昇がすでに深刻な問題となっています。

一方、海岸域における海岸侵食も各地で発生しています。ベトナム中部のフエ近郊やホイアン近郊では海岸侵食による海岸線の後退が顕著です（17・18）。砂浜海岸が直接外洋に面している海岸では土台が侵食され、崩落した建物も多くみられます。このような現象を一概に温暖化と短絡的に結びつけるのは危険ですが、満潮時における陸域での浸水域拡大というようなことと考え合わせ、温暖化に伴う海面上昇の影響の可能性についても念頭に置くことは必要でしょう。

なお、東南アジアや南アジアの海岸域では多くの人々が生活していますが、デルタの先端部などでは潮間帯にマングローブ林が発達していることが多く、積極的な堤防建設などがほとんど行われてきませんでした。近年そのような場所においてエビ養殖池の建設などの海岸環境の人為的な改変が進行した結果、多くの場所で海岸環境システムが変化し、顕著な海岸侵食が進行しつつあるのです。

ところで、タイの首都であるバンコク周辺地域では地盤沈下によるゼロメートル地帯が広く分布しており、海岸地域で顕著な海岸侵食が進行しています。タイランド湾に面した臨海部の海岸侵食は現在も続いていますが、最も著しい所では最近50年間で、２㎞以上も海岸線が後退し、湾内には陸地だったときの道路沿いに立っていた電柱が海のなかに立っているという象徴的な景観もみられます（写真３）。この海岸侵食は基本的にはバンコク地域における地下水の揚水の結果生じた地盤沈下によるのですが、地盤沈下は相対的に海の営力を強める結果になっていて低平で軟弱な地盤からなるデルタの先端部において、海面上昇と同様の影響を引き起こしています。

このように、インフラ整備の十分でない地域では、まだまだ自然の変化の影響を強く受ける状況が続いていて、さまざまな現象が以前に比べてかなり進行しているという所も多くみられます。それらの要因のなかには温暖化によって引き起こされた海面上昇のようにきわめてゆっくりと進行するものもあり、気がつくとすでに顕著な影響を受けていたということも起こっています。

とくに、それらの現象は脆弱な地域に起こりやすく、脆弱な地域の多くはインフラの整備が十分でない途上国に存在しています。我々は自分たちの生活を考えるうえで、つい先進国の方を比較の対象として見がちですが、将来的な地球規模の問題を考えるうえではむしろ、現実に深刻な危険にさらされている脆弱な土地を持つ国々や人々に目を向けていくことが重要だと思います。

写真 3　タイランド湾の海域に取り残されたかつての道路沿いに立つ電柱

2.3 激化する豪雨災害をいかに緩和できるか？

寶　馨
TAKARA Kaoru

【論　点】

大量の降雨によって世界各地で洪水や地すべりが発生しています。日本のみならず、アジア、アフリカ、アメリカ、ヨーロッパ、オーストラリアの五大陸すべてにおいて発生しており、しばしば世界のニュースで取り上げられています。豪雨災害は、都市部で深刻な被害を引き起こします。また、河川堤防が破れた場合の津波のような恐ろしい洪水、山腹の斜面を崩壊させ、大量の土砂や流木を伴う土石流となって人命を奪う土砂災害、我が国の多数の企業に被害を与えた海外での洪水災害。これら豪雨災害の事例とその特徴を紹介しながら、豪雨災害の脅威、そして社会的要因を概観します。

日本では、「集中豪雨」、「ゲリラ豪雨」、「線状降水帯」という言葉がマスメディアによってよく使われるようになりました。これらの言葉は、住民の皆さんに雨による災害に対する注意喚起を促す効果があり、防災面で有用であると言えます。気象庁の予報もきめ細かくなってきました。大雨警報、洪水警報などの警報に加え、土砂災害警戒情報が報知されたり、さらに重大な災害をもたらし人命の危険の可能性がある場合には特別警報が発せられたりしています。こうした警報等の情報は、近年の著しい観測技術の進歩によってますます精度が高まっています。また、警報は、その地域のテレビ放送で直ちに速報としてテレビ画面のテロップに表示されるようになっています。災害時のインターネット利用が当たり前の時代になりました。携帯電話で気象情報が随時見られるようになりました。

雨が降ることは止められません。豪雨災害を緩和するには、住民各自が気象情報を適時的確に把握し、適切な対処を自ら行う必要があります。観測、予警報、情報ツール、マスメディア、住民の対処、これらがうまく連動して機能すれば豪雨災害は減らすことができます。一方では、超高齢社会であり、災害情報が公平に伝達される「情報バリアフリー」も必要です。

（1）豪雨災害の脅威

ここでは過去約20年の豪雨災害を振り返り、その脅威を概観してみましょう。毎年全国各地で豪雨災害が発生しますが、特徴的な事例を取り上げます。豪雨そのもので人が死ぬことは稀です。豪雨が、洪水や土石流・地すべりをもたらして、それによって多数の被害が発生します。

なお、これから降りうる量の大きな雨（災害の恐れがあるような雨）を「大雨」と呼び、過去の災害を起こした雨に対して「豪雨」と呼んでいます。したがって、「豪雨注意報」、「豪雨警報」とは言いません。また、豪雨がもたらした河川の洪水流があふれ出てきて氾濫するものを「外水《がいすい》」、低地に降った雨が下水道や河川に排水されずそのまま溜まって浸水するものを「内水《ないすい》」と言います。

【津波のような洪水―2015年鬼怒川洪水】

鬼怒川《きぬがわ》の洪水のニュースを覚えているでしょうか。2015（平成27）年9月10日に鬼怒川の堤防が決壊し、家屋が流されたり、屋根の上に避難した住民がヘリコプターで助けられたりしたニュース画像です。山から出てきた水が堤防の決壊により、海からの津波と同じような現象を引き起こしていることに驚いた人は多かったことと思います。日本の河川は、かなりの程度整備が進んで、近年堤防が決壊することはほとんどありませんでしたから、こうした河川の水があふれ出た外水災害（洪水氾濫災害）はあまり起こっていなかったのです。この鬼怒川の洪水は「平成

27年9月関東・東北豪雨」による災害と呼ばれています。まさに、豪雨災害です。死者2名（常総市）、負傷者30名にとどまったのは、人口が集中する市街地を直撃しなかったこと、破堤《はてい》場所から溢れ出た氾濫水が勾配の緩やかな農業地帯を比較的ゆっくりと流下したことによります。

鬼怒川の上流域に位置する日光市五十里《いかり》観測所では、1975（昭和50）年の観測開始以来最大の24時間雨量551㎜を記録しました。観測開始以来40年目に起こった豪雨ですから、少なくとも「数十年に一度」と言える事象が発生したことになります。茨城県（水戸地方気象台）、栃木県（宇都宮地方気象台）では、9月10日の朝から大雨特別警報を発表し、住民に注意を喚起していました。これも被災者を極力減らすことに効果を発揮したのではないかと考えられます。

【水害による史上最大の経済被害――2000年東海豪雨】

東海地方に2000年9月に生起した豪雨による経済被害は、8000億円とも9000億円とも言われ、単発の豪雨災害事象としては我が国史上最大の経済被害をもたらしました。消防庁によると、死者10名（東海地方以外を含む）、全壊310家屋、浸水7万1300家屋を数えました。

豪雨域（2日間降水量400㎜以上）の面積計算を試みたところ、過去の東海地域の事例がいずれも数百㎢であるのに対して、この事例は2000㎢にも達しました。それほど広域に大雨が降ったため、7万軒を超える浸水、史上最大の経済損失になったものといえます(1)。

名古屋市の北側を北東から南西に流下する庄内川の洪水を緩和するために、放水路として、名古屋市の対岸側に新川を開削しました。今回の豪雨では、この新川の堤防が1カ所破堤（越水ではなく、浸透・漏水が原因と推定されている）して、外水氾濫が発生しました。大雨で内水により浸水していたところに洪水流が来て西枇杷島町を中心に広い範囲で浸水位がさらに上がりました。また、名古屋市街地の方でも内水の浸水は尋常ではなく、地下鉄路線の一部も雨が地下の軌道に侵入して水没しました。

名古屋気象台では、１８９１年から雨量観測が開始されており、１９９９年までの年最大日雨量は240㎜（１８９６年９月９日）でした。ところが、２０００年９月11日には日雨量428㎜というきわめて大きな雨量を記録したのです。11日から12日にかけて24時間雨量では537㎜でした。

天白区野並地区は、天白川とその支流の藤川および郷下川に囲まれた低平な土地で、その地盤高はそれらの河川の堤防より２ｍも低くなっています。いわゆる「天井川」の状態となっています。浸水することが多いので、この地区の内水を天白川に排除するためのポンプ場（排水機場）が設置されています。しかしながら、天白川の水位が高い状態が続いたため、野並地区の内水を天白川に排水できない状態が続きました。野並地区住民の証言によると、最大の浸水深は2.4ｍでした。すなわち、民家の軒先まで水が浸かっていたことになります。ポンプがあっても、排水先河川の水位が高いと排水できない、排水すると下流の洪水位をさらに高めてしまう、ということがあるのです。

もう一つ別の観点からの特徴は、この東海豪雨災害の時から災害時のインターネット利用が本格化し始めた、「当たり前」の時代になったということです。2年前の1998年夏に栃木・茨城の那珂川で洪水災害があったときから、災害時のインターネット利用が始まり、各都道府県でもホームページ上に災害情報を掲載することが始まりました。この東海豪雨の時には、愛知県庁、名古屋市役所、岐阜県庁などもすでに情報掲載をし始めていたのですが、まだ不十分で的確な情報提供ができていたとは言えませんでした(2)。また、携帯電話の使用も本格化しておりましたが、回線容量が足りず、電話が不通で安否確認もままならない、という状況でありました。

余談ですが、その後、お正月の挨拶電話や挨拶メールも大量なことから、なかなか通信ができない、というような事態もありました。

近年は、きめ細かな気象観測技術の発達、インターネット技術、スマートフォンの普及などによって、災害情報がエンドユーザー（一般市民）にかなりの程度詳しく伝達できるようになってきています。

東京オリンピックと同じ1964年に開業した東海道新幹線が、運行史上初めて、このとき22時間以上も遅延しました。すなわち、この東海豪雨の影響で何本もの新幹線列車が線路上で20時間もストップしたのです。プロ野球の試合のために東京から大阪に向かっていた選手も何人か乗っていて、試合が中止になったというエピソードもあります。

この東海豪雨を契機に、都市の水害対策の重要性が認識され、「特定都市河川浸水被害対策法」

が策定されることになった次第です。

【豪雨がもたらす土砂災害と地すべりダム―2011年紀伊半島大水害】

紀伊半島は大雨の発生しやすい場所です。大台ヶ原では、年間雨量8,214mm（1920年）、日雨量1,011mm（1923年9月）を記録しています。2011年は東日本大震災の年でしたが、その秋9月に襲来した台風12号（Talas）は、西日本の広い範囲に大雨をもたらしました。とくに、紀伊半島で大きな豪雨災害がありました。和歌山県新宮市および三重県熊野市にある雨量観測点で、それぞれ1時間雨量で132.5mm, 101.5mm, 24時間雨量では、三重県大台町で872.5mm, 三重県御浜町で801.0mmといういずれも記録破りの大雨でした。この後に台風15号も襲来し、洪水常襲地帯の熊野川はじめ、紀伊半島の多くの川で大洪水となりました。奈良・和歌山・三重三県合わせて死者72人、行方不明者16人を数えました。熊野川下流域の洪水氾濫等によって、新宮市で約110ha、紀宝町で約320haが浸水しました。

奈良・和歌山県内の道路は土砂崩れ等により至るところで寸断、両県の国道および県道の通行止めは204カ所を数え、それに伴い18カ所の集落が孤立しました。また、土砂災害は106件（土石流等59件、地すべり16件、がけ崩れ31件）発生しています。崩壊土砂量は約1億㎥（京セラドーム大阪または東京ドームの約80倍の量に相当）と推測され、深層崩壊による大規模河道閉塞（地すべりダム、天然ダムとも言う）が17カ所で発生し、うち5カ所が初めて土砂災害防止法で定められた緊急調査を国土交通省が行うケースとなりました[3]。地すべりダムは、不安定な大量の土砂によって大量の水がせき止められるので、さらなる降雨・出水があったときに容易に崩れ、溜まっている大量の水が一気に下流へ流れ出し、甚大な被害をもたらす恐れがあります。緊急調査を行い、なるべく早く排水する努力がなされましたが、山奥で、道路のない場所・道路が寸断され場所への重機の移送なども困難をきわめました。推定被害額５１００億円とも言われ、２０００年の東海豪雨災害に次ぐ経済被害となりました。この水害は、三県の提案により「紀伊半島大水害」と名づけられました。図1をみると、紀伊半島の大半がくまなく被害を受けたことがわかります。

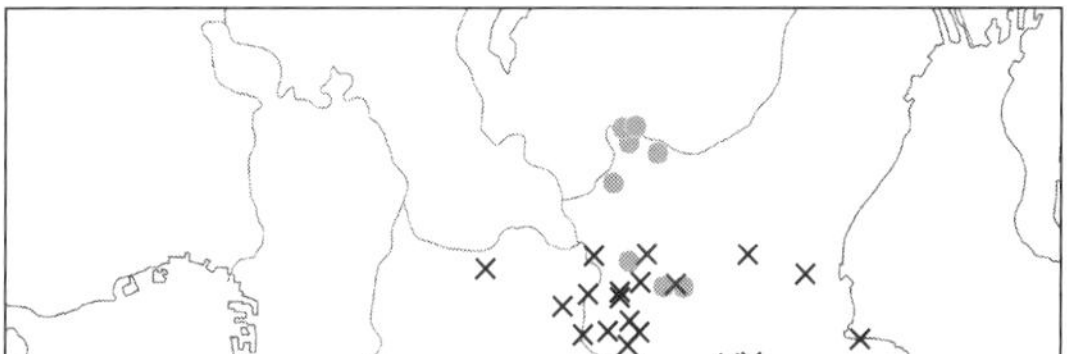

図1　2011年紀伊半島大水害の被害発生場所[3]

土砂災害106件（土石流等59件，地すべり16件，がけ崩れ31件），国道・県道の通行止め236カ所（三重・奈良・和歌山県内），孤立集落18地区，死者72人，行方不明者16人．

（2）豪雨災害が起きる社会的要因

我が国の経済成長が著しかった頃、人口も増大し、都市開発が進みました。農村から都市部への人口移動も顕著でした。こうした時期に、自然災害に対して脆弱な土地が開発されたことにより、後年に大きな被害を被った事例が少なくありません。また、65歳以上人口が14％を超えて「高齢社会」となったのが１９９３年、２００７年には21％を超えて「超高齢社会」に突入しています。もはや「高齢化」社会ではないのです。こうした超高齢社会の防災・減災においては、福祉との連携協力も重要です。

【都市における浸水・土砂災害が注目された１９９９年】

１９９９（平成11）年６月29日の豪雨災害は、我が国の都市水害対策と土砂災害対策に重要な影響を与えた事象となりました。

まず、当日の朝、福岡では７時43分〜８時43分の60分間に79.5㎜、７時から11時の５時間で136㎜の雨量がありました[4]。当時はまだ「線状降水帯」という言葉はなかったのですが、長崎から佐賀、福岡にかけて積乱雲列が連続して襲来し、その影響は山口から広島まで及びました。梅雨前線に伴う、まさに線状降水帯による豪雨でした。これにより御笠川《みかさがわ》が氾濫し、また、福岡市域に降った豪雨そのものの浸水もあいまって低平地である博多駅周辺は広い範囲が水没しました。外水と内水の相乗効果で発生した災害です。なお、この地域では、6月23日からかなりの量の雨が降っており、それによって地盤が湿っていたこと、周辺河川の水位も上がっていたことにも留意しておく必要があります。上述の雨量の前に「先行降雨」があったのです。

博多の地下街に氾濫水が流入して、地下街で働いていた女性1人が亡くなりました。地下空間における洪水災害の典型的な事例となり、これ以後、地下空間における浸水対策の重要性が、国・地方ともに認識されることとなりました。翌年の東海豪雨でさらに認識が高まりました。

もう一つ、同じ日に広島で豪雨による土砂災害がありました。豪雨の中心は、広島市の西部で、最多雨域の日雨量は260㎜、最大時間雨量70㎜程度であったと推定されています(5)。中国地方最大の人口をもつ広島市は、山の裾野が住宅地として開発されてきました。その住宅地が豪雨によってもたらされた地すべりと土石流によって被災したのです。広島県における土砂災害では32人の死者行方不明者が出ました（そのうち、広島市域では死者24人、土砂災害発生件数325件）。

中国地方の地質は、風化した花崗岩が堆積したもので、崩れやすく土砂災害が発生しやすいことで知られています。いわゆる「マサ土《ど》」と呼ばれる地質です。こうした地質学的要因に加えて、上述の山裾の宅地開発、さらには近年豪雨災害がなかったことから災害危機管理対策が不十分であったことなどがあいまって、豪雨災害が引き起こされたと言えます。

このような地域は広島に限らず全国各地にあるため、この事例を契機に土砂災害防止法（土砂災害警戒区域等における土砂災害防止対策の推進に関する法律）が翌2000年5月に公布され、2001年4月から施行されました。この法律に基づき、2003（平成15）年に広島県は、全国初の土砂災害警戒区域の指定を実施しました。

【再び土砂災害―2014年広島】

2014（平成26）年8月20日未明に広島市内（安佐北区、安佐南区）に200㎜を超える豪雨がありました。1999年以来15年ぶりの大きな土砂災害となりました。土砂災害防止法が施行されていたのに、死者数は1999年の時（広島市内は24人）よりも倍以上の76人となりました。この地域が開発されたのは、じつは1970～1980年代だったのです。つまり、すでに市街地となっていたところが土砂災害警戒区域だったということなのです。河川法改正、水防法改正、土砂災

写真1　2014年広島豪雨による被災
山裾の谷筋直下に開発された住宅地が被災した.
右端の山腹には砂防ダムが見える.
写真提供：京都大学防災研究所・千木良雅弘.

害防止法によって、ハザードマップなどにより危険情報、危険な場所の情報を住民に知らせることが義務づけられ、宅地開発より後にこうした区域が明らかにされました。

高度経済成長期に都市がどんどん拡大しました。旧市街は地価が高騰し、都市の周辺部へと住宅地が開発されていきました。山裾や山腹斜面、丘陵地が新たな住宅地となりました。そうした場所に土地・家屋を購入した住民が被害に遭いました。高度経済成長の時代、防災の観点よりも、開発が重視されてしまった結果です。このことは、もう今は起こっていないでしょうか？　いまだに住宅地の開発が進んでいます。景気も回復してきました。一方、安全な市街地には、空き家やパーキングスペースがどんどん増えています。少子高齢化という社会情勢を考え、安全な土地に人々を誘導する施策が必要だと言えます。

写真1に示すように、山裾の谷筋直下に開発された住宅地が被災しました。右端の山腹に砂防ダムが見えます。このような対策を施した場所もあり、被災した場所には砂防ダムがありません。

【10個の台風が上陸した2004年―地震と豪雨災害の連動、超高齢社会の悲劇も】

戦後の治山・治水事業、河川整備により、1950年代くらいまでは千人オーダーの死者を数えた大規模な水災害もかなり少なくなり、死者の数は毎年百人以下となっています。2004年は久しぶりに死者が200人を超える年となりました。この年には日本に上陸した台風が10個を数えたのです。そのうちの6つの台風だけで死者は100人を超えました。最も大きな被害を出したのは

10月後半に襲来した台風23号でした。兵庫県円山川流域をはじめ97人の方々が亡くなりました。これによって200人を超える死者数となったのです。その直後10月23日には最大震度7の中越地震がありました。

２００4年の7つの台風と中越地震の被害の統計を表1に比較してみました。一つひとつの台風による負傷者に比べて中越地震は負傷者の数が多いことがわかります。台風によってもたらされる豪雨は広域ですが、それに伴う洪水は河川沿いにしか起こりませんし、土砂災害も局所的です。それに比べて地震は低平地でも高台でも起こりますし、家屋が倒壊する数も多く、したがって負傷する可能性が高いことを示しています。この年は、新潟県は、後述する7月の洪水災害も含め、そのほか複数の台風の影響もあり、かなり地盤が湿っていました。そこに震度7クラスの地震が発生したので、地すべりも各地で起こり、地すべりダム（河道閉塞）も問題となりました。また、続く冬には大雪となり、豪雨、洪水、地震、地すべり、河道閉塞による危険、大雪災害といくつもの事象が複合的に連鎖する自然災害に大いに悩まされた２００4年度でした。

なお、ここに記載した死者はいわゆる直接被害であって、これ以外に「震災関連死」と呼ばれるものがあります。震災関連死は阪神淡路大震災（１９９5年1月）で初めて公的に認定されました。この神戸を中心とする地震では、被災し、家族を亡くしたり、復旧・復興に絶望したりして、自ら命を絶つケースが少なからずありました。こうした死亡を震災関連死として自治体が認定するよう

表 1　2004 年の台風災害，中越地震と 2016 年熊本地震・6 月豪雨，2012 年 7 月九州北部豪雨，2017 年九州北部豪雨による被害

2004 年（台風と中越地震）	人的被害			住宅被害			浸水被害		非住家被害	
	死者・行方不明	負傷者								
		重傷	軽傷	全壊	半壊	一部破損	床上浸水	床下浸水	公共建物	その他
台風 6 号	5	19	99	1	2	149	1	41	3	33
台風 15 号	10	6	16	17	23	212	695	2339	7	33
台風 16 号	17	35	232	29	95	7037	16799	29767	115	1510
台風 18 号	45	205	1096	109	848	42183	1598	6762	418	2819
台風 21 号	27	24	73	79	273	1936	5798	13883	12	163
台風 22 号	8	15	152	167	244	4495	1247	3592	155	1057
台風 23 号	97	119	432	773	7321	10235	13751	39007	393	3271
台風合計	209	423	2100	1175	8806	66247	39889	95391	1103	8886
中越地震	40	523	4051	2867	11122	92609			11992	22995
熊本地震 2016	50		2796	7996	17866	73035			248	
2016 熊本 6 月豪雨	6	1	3	3	2	8	228	740		
2012 九州北部豪雨	30			363	1500	313	3298	9308		1936
2017 九州北部豪雨	41			288	1079	44	173	1383		

になりました。２００４年の中越地震では、自動車の中に避難し何日も寝泊まりしていた人が、俗に「エコノミー症候群」と呼ばれる静脈血栓閉塞症に罹り、死に至った事例が複数ありました。

震度７の地震が２回起こった２０１６年の熊本地震の統計量も表１の下方に併記しておきました。死者は50人。阿蘇大橋周辺で自動車を運転していた学生が50人目の犠牲者として数カ月後に発見されました。このときは４月14日と16日の２回大きな地震があったので、さらなる地震を警戒して、住民はなかなか自宅に戻れませんでした。公園や公的な駐車場に長期間避難し、自動車のなかで長い時間を過ごす人もありました。こうした人たちのなかには「エコノミー症候群」で亡くなった事例も出てきました。地震の直接的な影響で亡くなった人は50人でしたが、震災関連死で亡くなったと公的に認定された人は少なくとも200人以上を数えるに至りました。

熊本地震の被災地は、2カ月後の２０１６年６月に豪雨災害を経験しています。じつは２０１２年にこの地域を含む「平成24年7月九州北部豪雨災害」があり30人の犠牲者を出しており、さらに２０１７年の「平成29年7月九州北部豪雨災害」では死者41人を数えました。これらの統計量も表1に併記しました。まさに頻発・激化する豪雨災害と言えます。

さて、２００４年の豪雨災害に話を戻しましょう。２００４年7月に、台風ではなく、典型的な線状降水帯による豪雨が新潟・福島、福井にそれぞれ洪水災害をもたらしました。新潟の三条市と中之島町では12人が亡くなりました(6)。そのうち9人が75歳以上の後期高齢者でした。三条市の信越本線西側の地域では、堤防が破堤してから1時間半後に急速に浸水が始まり浸水深は1.5ｍくらいになりました。76・78・85・88歳の4人の老人がそれぞれ自室で亡くなりました。いずれも歩行障害を持った要介護者でしたが、災害時に家族もヘルパーもそばにいなかったのです。典型的な超高齢社会の悲劇とも言えます。この事例により、防災と福祉の連携の重要性が明らかになりました。また、三条市の信越本線東側の地域では、やはり1.5ｍくらいの水深でしたが速い洪水が流れていました。37歳の男性と42歳の女性がそれぞれ自家用車で避難所に向かう途上に流されて亡くなりました。避難のタイミング、避難情報提供のタイミングがこうした悲劇を呼んだのです。住民が避難途上に亡くなった事例として、親子連れが被災した２００９年の兵庫県佐用豪雨災害があります[7]。

　福祉施設そのものが豪雨災害で被災した事例も少なくありません。１９９８年の福島県豪雨、２００９年の山口県防府の豪雨災害、記憶に新しいところでは、２０１６年台風10号による岩手県岩泉町のグループホームの事例があります。いずれも超高齢社会の悲劇ですが、施設の立地が被災しやすいところであったことも指摘しておかねばなりません。

　２００４年８月１日には、台風10号により24時間雨量の日本記録が更新されました。徳島県那賀川上流の那賀町木沢村の海川《かいかわ》雨量観測所で24時間に1,317 mmもの大雨がありました。それまでの記録は同じく那珂郡木頭村日早《ひそう》の1,138 mm（１９７６年９月10日）でした。表２に日本の豪雨記録を示しておきます。

表 2　豪雨の日本記録

時間	日本記録 (mm)	生起場所	生起時期
1 時間	187	長与町（長崎）	1982/07/25
3 時間	377	西郷（長崎）	1957/07/25-26
6 時間	647	西郷（長崎）	1957/07/25-26
10 時間	844.5	西郷（長崎）	1957/07/25-26
24 時間	1317	海川（徳島）	2004/08/01
48 時間	1692	日早（徳島）	1976/09/09-11
72 時間	2237	日早（徳島）	1976/09/10-13
1 カ月	3514	大台ヶ原（奈良）	1938/08/01-31
1 年	12160.5	屋久島淀川（鹿児島）	1998/10/01-1999/09/30

【2011年のもう一つの大災害―タイの洪水】

東日本大震災、紀伊半島大水害に加えて、タイの洪水が2011年の特筆すべき災害でした。7月頃から降り続いた降雨によってバンコクを貫流するチャオプラヤ川は、大きな洪水氾濫災害をもたらしました。面積16万㎢（日本の国土は37万㎢）という大きな河川流域の最下流にバンコクがあり、低平な土地に数カ月にわたり氾濫が続きました。

死者は800人以上で、都市部では氾濫水に感電して死んだという特殊な死因もありました。経済被害は約4000億円。世界銀行の統計によれば、東日本大震災、阪神淡路大震災、ハリケーン・カトリーナ（2005年8月米国）に次ぐ経済被害だそうです。こうした経済被害の評価は難しいものがあります。前述しました2000年の東海豪雨災害も数千億円以上と言われていますが、世銀の調査の対象に入っていないのかもしれませんし、被害のカウントの仕方が異なるということもあるでしょう。

この災害では、バンコク周辺の工業団地が3mもの浸水で大被害を受けました。日系企業の約450社がこの洪水の影響をうけ長期に操業ストップに追い込まれました。工業団地内でつくった多数の自動車も水没し、周辺国への自動車輸出もできなくなってしまいました。タイ国内で起こった自然災害が、日本経済ひいては世界経済に大きなインパクトを与えました。事業継続計画（BCP）ということが大きく注目された災害にもなりました。

（3）豪雨災害を緩和するための方策—情報社会・超高齢社会の防災・減災

インターネットの普及により、また、観測技術の高度化により、災害情報の提供がどんどんきめ細かくなってきました。また、情報公開の時代になり、住民は行政情報を知ることができるようになってきました。情報公開法の制定や、河川法、水防法などの法制度の改正は、自己責任を求めている、とも言えます。頻発・激化する豪雨災害にどのように対処したらいいのでしょうか。

【高度な気象観測網と情報配信システム】

気象観測技術は目覚ましい進展を見せています。我が国の気象観測の歴史は古く、明治時代から51気象官署で雨量観測がなされており、観測期間は120年以上になってきました。昔は、気象官署による地上観測（1日1回の雨量観測）、海洋に船を配置して気圧、風などを観測していました。こうした地点地点の観測値から気圧配置を推定し、寒冷前線、温暖前線、停滞前線などを推定し、天気図を描いていたのです。

現在では、地域気象観測システム（アメダス）として知られる1300地点以上の地上雨量観測所があります。そのほかに国土交通省や自治体などが所管するテレメータ雨量計、水位計などの水文観測所が、全国に1万7千地点以上存在します（表3）。雨量観測レーダは平均1kmの空間分解能で5分ごとに、テレメータ雨量計は地点雨量を10～60分（1時間）ごとに観測を行い、観

表3　統一河川情報システムに登録されている水文観測所[8]

管理者	国土交通省 水管理・国土保全局	国土交通省 道路局	国土交通省 気象庁	自治体	水資源機構ほか	合　計
レーダ	26		20			46
テレメータ雨量計	2,230	989	1,362	3,983	257	8,821
水位計	1,901			3,571	104	5,576
その他＊	1,823	2	82	730	451	3,088
合　計	5,980	991	1,464	8,284	812	17,531

＊その他：水質，積雪，潮位の観測，ダム・堰・排水機場における観測などを含む．

測データが収集・配信されます。こうしたシステムにより、気象庁、水管理・国土保全局をはじめとする行政機関や国民が気象・水文観測情報を共有できるようになっています[8]。

このほか、国土交通省では、Xバンドレーダという高精度の雨量観測システムを２０１０年頃から、関東（２基）、中部（３基）、近畿（４基）、北陸（２基）に導入を始め、その後、さらに設置範囲を広げ、高精度・高分解能（250ｍ）・高頻度（配信間隔１分）でほぼリアルタイムのレーダ雨量情報を配信しており、「XRAIN」（エックスレイン）と呼ばれています。

宇宙からの気象観測も有用です。気象衛星ひまわりで、日本近辺のみならず東アジア・東南アジア・西太平洋を含む広い地域を常時観測できます。東経 140.7 度の赤道上高度約35万８千㎞の静止軌道上に打ち上げられたひまわり８号（２０１５年より運用）と９号（２０１６年打ち上げ成功）が、日本および対象地域各国の天気予報、台風、豪雨域、気候変動などの監視・予測、船舶や航空機の安全航行のために貢献しています。従来は30分以上の時間分解能でしたが、ひまわり8号からは10分ごとの観測が可能となり、日本近辺は2.5分ごとに観測頻度を上げています。

このように、いまや多様で高度な気象・水文観測情報が時々刻々、手元の携帯電話において得られる世の中になっているのです。こうした現状・実況を報知することをナウキャストと言います。

【予警報システムと数値予報モデル】

気象予測技術も日進月歩です。観測データは、ナウキャストのみならず、予報（フォアキャスト）のためにも用いられます。気象庁では、「降水ナウキャスト」として、現在から5分先、10分先の降水情報を提供しています。また、30分おきに降水短時間予報を出しています。大気の状態変化を高速のコンピュータによって計算して将来の状態を予測することができます。

以前の天気予報は、地上や海上における気圧や風向などの気象観測データに基づいて手作業で天気図を描くことによって行われてきました。近年は、高速の大容量コンピュータの導入により数値予報業務が行われています。気象の数値予報モデルは、大気の状態を離散的な格子点の値で表現し、各種の大気状態を表す物理量の計算式を組み込んだ流体力学モデルによる計算を行って将来の大気の状態を求めるものです。これによって日本全域および周辺の気象状態を予測することができます。日本周辺域を計算するモデルは、メソモデル（メソは、メソスケールすなわち中規模の意味）と呼ばれ、水平格子間隔5㎞、鉛直総数50層で計算が可能で、毎日8回39時間先までの大気の様子を予測しています。これで数時間から1日先の大雨や暴風などの災害をもたらす現象を予測します。さらに小さなスケールのモデルは、局地モデルと呼ばれ、2㎞の格子間隔で毎時9時間先までの大雨の予測計算をしています。これらのスケールのモデルによる計算結果は、防災気象情報や航空気象情報に用いられます。かなり精度が上がってきましたが、山腹斜面を上昇する湿った大気がもたらす地形性豪雨、複数の積乱雲が次々と線状に並んで豪雨をもたらす線状降水帯[9、10]の予測が今後の課題です。

スケールの大きい方のモデルとしては、全球モデルがあります。これは地球全体を対象として格子間隔20㎞で1日に3回3日半先までの予測をします。また1日に1回、11日先までの予測をします。これによって1週間先までの天気予報や台風予報が行われているのです。

【情報社会・超高齢社会の防災・減災】

1997（平成9）年に河川法が改正され、河川事業における環境への配慮、地域住民の意向を十分くみ取ることがこれまで以上に求められることとなりました。2001（平成13）年4月に土砂災害防止法が制定され、土砂災害警戒区域、土砂災害特別警戒区域が都道府県知事により指定されることになりました。さらに同年7月には水防法の一部が改正されて、情報システムのあり方、たとえば、水害ハザードマップの作成と公表が地方自治体に義務づけられることとなりました。また、1999（平成11）年には、行政機関の保有する情報の公開に関する法律（いわゆる情報公開法）が定められています。

このような法改正の意義を、防災の立場からしっかり考えておく必要があります。すなわち、河川法における環境重視ということは、一般には自然破壊を極力抑えることを意味するので、大がかりな治水事業は、どうしても必要なもの以外、縮小するか他の方法に転換せざるを得ません。地域住民の意向を十分くみ取って河川整備計画が立てられるということは、その計画が完了した時点で、それ以後に被災した場合、住民はもはや事業者側からの補償は期待できないことを意味します。水防法の改正や情報公開法により、精度の良いハザードマップが周知されるなど十分な情報公開・情報伝達がなされるとすると、住民はそれらの情報を、災害前からそして災害事象進行中にも的確に把握して、自己責任のもとに災害事象に対処しなければならないのです。

技術的には、精度の良い情報を事前に整備し、災害時には正確でタイムリーな情報伝達を行うための努力が緊急に求められます。幸い、流域における種々の空間情報の精度はかなり高まってきています。地形情報で言えば、水平方向には5～50m、高さ方向には10cm程度の精度が実現されつつあります。コンピュータの能力も飛躍的に高まっているので、高精度のシミュレーションを行いうる環境条件は整ってきているのです。しかしながら、資産分布、人口分布、土地利用などの地理情報・空間情報が必ずしも高い精度でデータ化されている状況にはありません。

水害の防除・軽減の方策を大別すると3つに分けられます。水工施設等構造物による水害リスクの制御（コントロール）、情報伝達と避難・水防活動などによる水害リスクの回避、保険等による水害リスクの補償です。大規模治水施設による「リスクのコントロール」が必ずしも十分に行えない場合に保有することになる水害リスクを軽減（回避または補償）する知恵を地域ぐるみで出さなければなりません。個々人が水害にかかわる情報と如何につき合っていくかが、今まで以上に問われる時代に入ったと言えます。

旧の法制度は行政の無謬性《むびゅう》（誤りがないこと）を仮定したトップダウン的リスクマネジメントでした。その場合、住民はいわゆる「お上任せ」に安住しておればよく、問題があったり、被災した場合にはクレームをつけたり訴訟したりして責任を回避することもできました。一方、情報公開法や改正された河川法・水防法などの新しい法制度は、「お上任せ」でない自己責任の世界がこれから日本の社会に展開することを認識し、覚悟しなければならないということです。

以上、「情報社会イコール自己責任社会」の意味をお話ししてきましたが、果たしてこれは将来にわたって幸せな社会でしょうか。冒頭に述べたように、高齢者の割合はますます増える一方です。情報ツールは発展しても、それを使いこなせるでしょうか。いわゆるディジタルデバイド（「情報格差」）の問題、すなわち、情報通信技術（とくにインターネット）の恩恵を受ける人と受けることのできない人の間に生じる格差（この場合「安全格差」）がどんどん広がりかねません。ここに、超高齢社会かつ高度情報社会のもう一つの危険性があります。

自助・共助・公助という言葉がよく使われます。ここでは、情報技術と水災害にかかわる法制度の観点から、「自助（自己責任の元で災害に対処すること）」を強調してきました。しかしながら、高齢者や障害者、幼児や婦人などのいわゆる災害弱者、あるいは情報ツールの苦手な人たち（デジタルデバイドに悩む可能性のある人たち）に対する「共助（助け合いの精神）」も必要です。また、こうした人たちが、等しく情報を受け取ることができる「情報バリアフリー」の体制づくり、教育・啓発といったことは、行政の将来にわたっての責任である（「公助」の一環）と言えるでしょう。

社会全体として豪雨災害に対処する「知恵」をいつの時代にも培っておくこと、この不断の努力が求められているのです。

3.1 地震と津波災害の発生はどこまで予測できるか？

平田 直
HIRATA Tadashi

【論 点】

地震は固体地球の表層の活動として人間社会に大きな影響を与える現象です。そのため、地震の発生を予測するということには、自然現象としての地震を予測するだけではなく、地震によって社会に災害がもたらされる可能性を予測することまでが含まれます。つまり、地震災害（震災）と津波災害の予測が防災上必要なことです。地震と震災を区別する必要性は、本文で詳しく説明します。災害を予測するということは、定量的な予測だけでなく、定性的にどのような被害が発生するかをあらかじめ知るという意味もあるので、「災害の予知」と呼ばれることがあります(1)。

災害を軽減するには、地震や津波によって社会にもたらされる力（破壊力）を予測し、その破壊力に打ち勝つ準備（防御）をし、被った被害から素早く立ち直る（対応）必要があります。適切な防御と対応を行うために災害を予知する必要があるのです。

地震や津波の発生予測とは、災害の予知の前提として、社会にもたらされる地震災害の誘因（地震ハザード）を予測することです。具体的には、①都市や建物の設計をするための地震の揺れの事前予測（時間に依存しない地震ハザード予測）、②数週間から数カ月の地震発生可能性の予測（時間に依存する地震ハザードの予測）、③適切に避難するための数日以内の地震の予測（直前予知）、④地震が発生してから数秒後に強い揺れが発生することの予測（緊急地震速報）、⑤大地震が発生した後に引き続く地震の発生予測（余震予測）が試みられています。このうち、①、④、⑤については、すでに情報が社会に提供されています。②「時間に依存する地震ハザードの予測」と③「直前予知」は、現在の地震学では非常に不確実です。将来的にも、これら②、③の予測も確率的な予測になります。

（1）地震と津波の脅威

地震災害は、現在でも依然として、人類が克服することができない脅威です。自然現象がなぜ人類の脅威になるかを具体的に考えてみましょう。

地震とは地下で岩石がずれるように破壊される自然現象です。地下で大きな地震が発生すると地表が強く揺れたり（地震動）、海域で地震が発生すれば高い津波が生じたりします。強く揺れた場所に、揺れに弱い建物が建っていると損傷を受け、場合によっては倒壊してしまいます。地震による揺れは大変強く、適切につくっていない建物や社会基盤構造物は破壊されてしまいます。また、高い津波が沿岸に襲ってきたときに、十分な高さの堤防がなければ、内陸部まで津波が遡上《そじょう》して、家を押し流してしまいます。建物が流されて損傷すると、なかにいる人が怪我をしたり、亡くなったりします。日本近海で超巨大地震が発生すると最悪の場合30ｍを超える津波が沿岸を襲うことが予想されています。日本中の海岸すべてを、10ｍを超える高さの堤防で防ぐことはできません。

つまり、巨大な地震や津波が発生すると、人間の力で完全に防御できない大きな力が社会に働くため災害が発生してしまうのです。災害が大きくなるのは、強い揺れや、高い津波に曝《さら》される人口や建物数（曝露量）が多いこと、建物や構造物に耐震性がない（脆弱性）などの社会の「災害発素因」（＝社会に内在する災害の要素）が存在するからです。これに対して、揺れの強さや津波の高さは、災害の誘因（英語で hazard ハザード）といわれています。災害誘因は、社会への「外力」として、働きかかるのです。

災害素因としてさらに忘れてはならないのは、社会の災害への回復力（レジリエンス）です。現実の社会では耐震性や堤防によって完全に災害を防御することはできず、必ず災害が発生してしまいます。災害による被害を減らすには、被害がもたらされても、そこから迅速に立ち直る社会の力が必要です。家族や職場、地域で助けあう仕組みがある社会は、災害からの復旧も早く、災害の被害が少なくなります。社会の回復力の欠如は大きな災害素因です。

巨大地震や巨大津波が社会に大きな脅威になるのは、その力が非常に大きいからです。大きさには二つの側面があります。一つは、巨大地震によってもたらされる揺れの大きさです。揺れは非常に強く、人間のつくった建物や構造物を破壊してしまうほどです。揺れの強さを表す単位の一つに震度があり、日本では気象庁が定めた震度階級が使われています。揺れの一番小さい震度０から最大の７までの階級で、震度５と６には弱と強があるので、全部で10階級となっています。震度６弱以上の揺れでは人は立っていることが困難になり、耐震性の低い木造家屋は倒れるものもあります。

大きさのもう一つの側面は、強い揺れがもたらされる面積が大変大きい場合があることです。２０１１年３月11日に発生した東北地方太平洋沖地震は、本州の東半分に強い揺れがもたらされました。自然現象としての地震の大きさは、地下でずれるように破壊されて形成される震源断層の面積（*A*）とずれの量（*D*）の積に弾性常数（μ）を掛けた量で表されます（μAD）。東北地方太平洋沖地震では、*A* は 400 km × 200 km, D= 20m くらいになりました。自然災害のなかでも、地震による災害が大きくなるのは、影響を受ける面積が大変広いからです。μADは、物理学で用いられているモーメントの次元をもっているので、地震モーメント（Mo）と呼ばれています。地震モーメント（Mo）は、地震発生によって解放されたエネルギー（E）に換算することができます。２０１１年東北地方太平洋沖地震は、ＴＮＴ火薬換算で約5億トン、史上最大の核兵器が放出した全エネルギーの数百倍の大きさと推定されています。

（2）地震と津波の予測可能性

地下の自然現象である地震の発生を予測するためには、その現象が発生する仕組みが理解されていることが不可欠です。今、起きていることがどんな現象なのかを把握して、その現象が発生する理由がわかっていて、はじめて将来起きることを予測することができます。地震や津波の発生は、この数十年くらいの間に、現象の理解が進み、現在起きていることを把握する技術が格段に進歩しました。地震は基本的には、地下の岩石に大きな力が加わり破壊される現象であるため、ある場所に加わっている力と、その場所の岩石の強度（破壊に抵抗する力）がわかれば、どこでいつ地震が発生するかを予測することができます。破壊強度を上回る力が働いている場所の広がりがわかれば、発生する地震の大きさ（規模、マグニチュード）も予測することができます。もし海底で地震が発生すれば、海底の変動を予測することができて、それによって生じる津波の発生と、沿岸での津波の高さも予測できます。しかし、実際には、地震発生に至る現象の全貌は必ずしも完全に把握されているわけではありません。地震の発生を支配する要因はさまざまであるため、一つ一つの地震が発生する過程を完全には把握できないからです。このため、科学的に地震発生を精度よく予測することが難しいのです。

地震を起こすためには大きな力が地下の岩石に働いている必要があります。この力は、地球表面を覆う地震プレートと呼ばれる岩板が水平方向に運動していることによって生まれます。地球上には主なプレートが十数枚、それぞれ異なる方向に動いています。たとえば、日本列島周辺には、東側に太平洋プレートという地球上で最大のプレートがあり、アジア大陸を形成するユーラシアプレートに対して一年間に8～10㎝の速さで西方に進んでいます。日本列島の南方には、フィリピン海プレートがあり、西南日本に向かって北西に年間5㎝の速さで運動しています。東北地方を構成する地殻は北アメリカプレートに属しています。プレートとプレートの相対的な運動、つまり、二つのプレートが近づいてくる（収束）、離れていく（拡大）、すれ違うことで、二つのプレートの境界付近に大きな力が働きます。プレートの運動の速度（速さと向き）は、かつては地質学的な研究によって推定されていましたが、現在では、人工衛星による測定などの宇宙測地学によって、直接計測することができます。すなわち、地震を起こす力は最新の科学技術を用いるとある程度モニターできます。ところが、正しくモニターされているのは地表の動きで、地震の発生する地下10～30kmでの岩石に働いている力は、現在でも直接測ることができません。そのため、地下に働いている力は、岩石の性質をモデル化して、地表の変形から推定しています。もし、地下の物質が一様であれば、弾性体の力学を用いると地下の岩石の変形やそこに働く力（応力）を精度よく推定することができます。しかし、日本列島の下には、太平洋プレートとフィリピン海プレートが沈み込み、地下深部でマグマが発生して火山活動が生じているなど、地下は深さ方向にも水平方向にも、たいへん不均質です。このため地下構造の正確な知識を蓄積することで、地下深部の岩石に働いている力を推定する努力が続いているのです。たとえば、首都圏の下には、関東地方を形づくるプレート、その下に南方から北に向かって沈み込むフィリピン

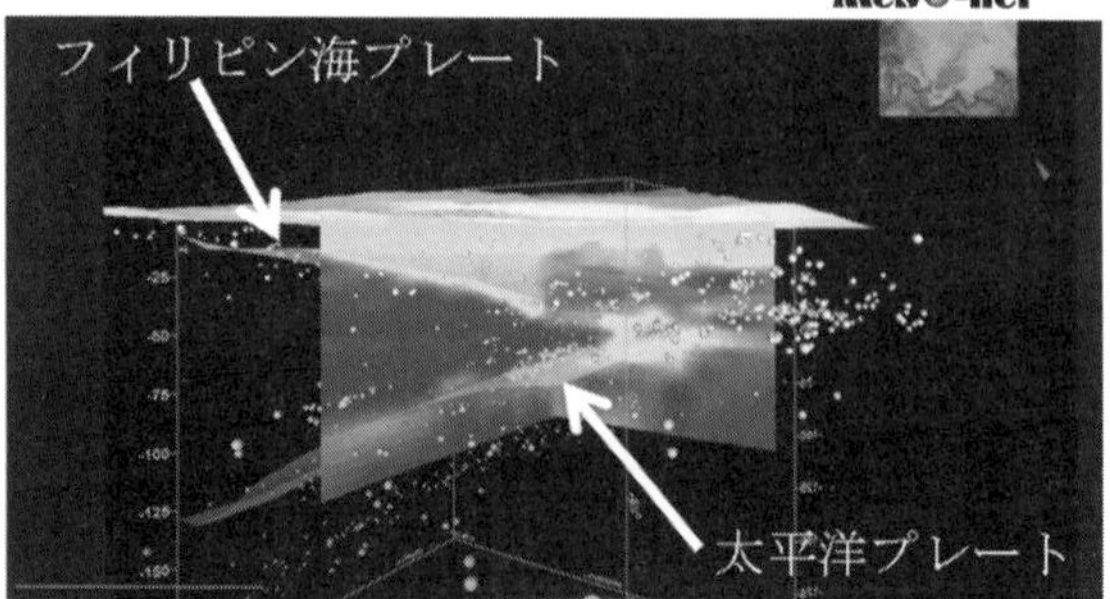

図1　関東の下の地震の分布とプレート境界の位置
地震波トモグラフィー法で求められた地震波（S波）の伝わる速さ分布.

海プレート、さらにその下に東方から西に向かって沈み込む太平洋プレートがあります（図1）。こうした知識の他に、どの程度の力が働いたときに岩石が破壊するかという岩石の強度に関する知識が発生予測には必要ですが、それぞれの場所での知識はまだ不十分です。つまり、現在の地震学の知見では、正確に地下の岩石に働いている力も、強度も把握することができません。そこで、このような決定論的な手法とは異なる手法、統計的手法で地震発生の予測をする必要があります。

では、統計的な予測とはどのような原理を用いるのでしょうか。地震は、地球上まんべんなくどこでも発生しているわけではありません。基本的には、プレート境界やその付近で発生しています。さらに、プレートの内部でも、ハワイ島周辺などのマントル深部から物質が上昇しているホットスポット周辺や、中国大陸南西部などプレート衝突の影響でプレート内部が大きく変形している所でも地震が発生しています。

また、地震活動は時間的にも、一度地震が発生すると続発する性質があります。地震が特定の場所で、続発して発生する物理的な理由はある程度は理解できるものの、予測に使えるほどの精度で詳しくわかっているわけではありません。そこで、地震の発生する統計的な性質を調べてモデル化する方法が用いられています。

最も基本的な手法は、ある一定の範囲での地震発生の数を調べ、過去に地震がたくさん発生した場所では、将来も地震が発生しやすいとするモデルです。地震活動の時間的推移には、両極端の考えがあります。まず、地震は時間的に不規則（ランダム）に発生するとする考え方です。これは、確率過程のモデルでは、ポアソン過程と呼ばれている時間的な推移です。ポアソン過程の例としては、来店する客の数の時系列が挙げられます。ポアソン過程を記述するパラメータは一つで、平均発生率です。最も基本的なポアソン過程は、平均発生率が時間に依存しないポアソン過程です。一方、大きな地震が発生すると、その影響によって地震が発生しやすくなることがあり、この時には、大きな地震発生時刻から経過時間によって発生率が低下するモデルを用います。余震の発生確率をモデル化するときには、地震発生率は、本震からの経過時間に半比例するという仮定をモデルに組み込むことがあります。この確率過程で有名なものに、ETAS モデル（Epidemic Type Aftershock Sequence Model：伝染性余震モデル）があります。

これらのモデルの対極に、地震はほぼ周期的に発生するとする考えがあります。この考えの例として、BPT 分布（Brownian Passage Time 分布）モデルを挙げることができます。これらの統計的予測の原理は、過去に発生した地震の性質が、将来も継続するという大前提があります。この前提は、将来の地震発生予測と、実際に発生した地震データを比較することによって検証することが可能です。しかし、検証が可能になるのは、実際に地震が発生した後です。この意味で、統計的な予測でも、時々刻々とリアルタイムで情報を出すことは、未検証の仮説に基づいて将来を予測するという側面があります。それでも、過去百年間に発生した地震の性質が、今後百年間でもおおよそ成り立つと考えることは、科学的な合理性があります。我が国では、地震調査研究推進本部という国の機関がこうした統計的な手法に基づいて全国地震動予測地図を毎年発表しています（図2）。

津波は、海面が大きく上昇したり、沈下したりすることによって発生します。盛り上がった海面が重力で崩れて沿岸に押し寄せてくるのが津波です。海面が上下するのは、地震によって海底が大きく盛り上がったり沈下したりするからです。海底でいつ地震が発生するかを予測することは難しくても、地震が発生して海底が上下に変動した後に、何分後にどの位高い津波が沿岸に到達するかを予測することはできます。気象庁は地震発生後約3分で、津波警報を出すことができます。また、国立研究開発法人防災科学研究所（NIED）は、東北地方の太平洋沖に日本海溝海底地震津波観測網（S-net）を設置して、沿岸での津波高だけでなく、海岸から何㎞まで遡上するかを予測するシステムを開発しました。津波は、水深の深い深海底ではジョット旅客機のスピード（時速約500㎞）くらいで進み、沿岸の浅瀬でも自転車くらいのスピードで進みます。このスピードは速いのですが、地震波にくらべると遅いともいえます。地震波は1秒間に数㎞から10㎞の速さ（時速約1～3万㎞）で進みます。津波を発生させる海底の震源断層が沿岸から数百㎞離れていれば、津波警報がでてから沿岸に津波が到達するまで30分程度の猶予時間が生まれます。ただし、駿河湾で発生する東海地震では地震発生から沿岸まで到達するのに数分の時間しかありませ

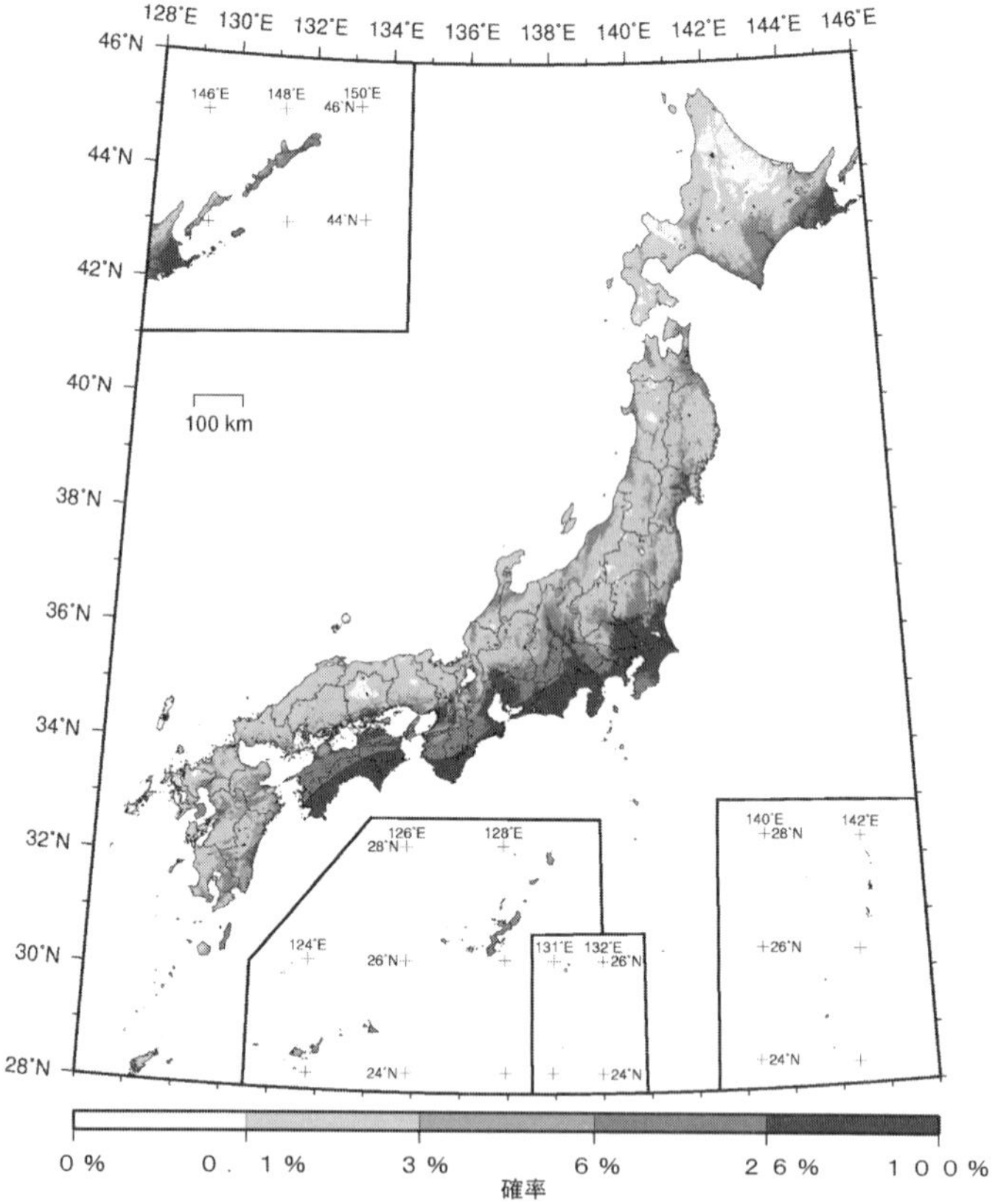

図2　全国地震動予測地図

今後30年以内に震度6弱以上の揺れに見舞われる確率．2017年1月1日を基準とした値．確率が0.1%，3%，6%，26%であることは，ごく大まかには，それぞれ約30,000年，約1,000年，約500年，約100年に1回程度震度6弱以上の揺れが起こり得ることを意味しています．

地震調査研究推進本部地震調査委員会2017.

http://www.jishin.go.jp/evaluation/seismic_hazard_map/shm_report/shm_report_2017/

ん。それでも、地震が発生した直後に発せられる津波警報を有効に活用したいものです。

（3）災害はどれだけ軽減できるか―メッセージ

現在の社会は、都市への人口の集中（曝露量の増大）、解消されない古い非耐震・非不燃化家屋の密集（脆弱性の増大）、少子・高齢化による地域社会の絆の崩壊（回復力の欠如）が進み、社会の災害素因が増大しています。一方、地震・津波災害の誘因（ハザード）を、人間の力で制御して抑制することはできません。しかし、災害誘因を予測して、それに備える具体的な方策を考えて準備すれば、災害を軽減することはできます。

１９２３年関東大震災では、約10万５千人が犠牲になりました。このうち約９割が火災によって亡くなっています。この震災では、地震後に台風が襲来して強風が吹いたことで火災が拡大しました。しかし、当時の東京には火災によって容易に焼失してしまう不燃化されていない家屋が多数あったことが大きな犠牲者を出した根本的な原因です。振り返って、現在の首都圏でマグニチュード７程度の大地震が発生すると最悪のケース、２万３千人が犠牲になるという中央防災会議の予測があります。この犠牲者の約７割は、やはり火災による考えられています。我が国では、震災のたびに耐震基準が強化されて、少々の揺れでも家屋は壊れなくなってきました。それでも、全国平均で約2割の家屋は古い耐震基準で建てられています。東京都は全国平均より耐震化率は良いですが、それでも、耐震化・不燃化されていない木造家屋の密集する地域が23区内の面積の約1割あり、そこに、23区の人口の約2割（約180万人）が住んでいます。東京には、耐震化・不燃化されていない家屋がまだ多数残っているのです(2)。

そのため、都心で大震災が発生すると、同時に多数カ所で火災が発生します。中央防災会議の想定では、約61万棟が全壊・焼失してしまうとされています。現在、東京消防庁には2千台弱の消防車両が整備され、年間5千件強、一日あたり14件の火災に対応しています。しかし、これは平時の話です。

都心で大地震が発生すると、地震発生直後から、火災が連続的、同時に多発することが予想されます。地震に伴う大規模な断水によって、消火栓の機能が停止します。さらに、深刻な交通渋滞によって、消防車両の到着が困難になります。とくに、環状六号線から八号線の間などの木造住宅密集市街地が広域的に分布している地区を中心に、大規模な延焼火災に至ることが想定されているのです。その結果、地震火災による焼失は、最大約41万棟、倒壊等と合わせ最大約61万棟に及ぶと考えられています。

同時に複数の地点で出火することによって四方を火災で取り囲まれたり、火災旋風の発生により逃げ惑いが生じたりして大量の人的被害がでるおそれがあります。その結果、火災による死者は、最大で約1万6千人、建物倒壊等と合わせ最大約2万3千人と予想されています。

大地震や大津波の発生を人間の力で制御することはできません。しかし、災害の素因である社会の脆弱性を少なくすることで、災害を軽減することは必ずできます。どの程度に強い揺れが発生する可能性があるかは、すでにわかっています。たとえ震度7の強い揺れがあっても、ただちに倒壊してなかにいる人の命が失われないように耐震化することは、現在の科学技術で可能です。災害を防御する必要性です。家屋だけでなく、道路や橋、鉄道も災害から防御しなければなりません。これは、すぐにでも取り組むべきことです。家屋については、現在の建築基準法ではすでにそのような対策は取られています。問題は、１９８１年5月以前の古い建築基準法の基準で建てられた家屋がまだ全国には2割残っていることです。お金がかかることなので、簡単には進められないかもしれませんが、最優先で取り組むべきでしょう。

一方、高い津波に対しては災害を完全に防御することはできません。たとえ10ｍでも、日本中の海岸を堤防で覆うことはできません。すべての海岸に10ｍの塀があることを想像してみてください。それが無理であることはすぐに理解できます。港や重要な施設のある海岸には適切な津波防御施設をつくる必要があります。それでも、一般の住民からすれば、日本のどの海岸にも10ｍの大津波が来ることを前提にしなければなりません。そのために、気象庁は津波警報を出すのです。津波警報は、津波災害から命を守る最も大事な情報です。しかし、一人で海岸にいたとき、テレビもラジオもインターネットも使えないときに、大きな揺れを感じたら、どうしたら良いのでしょう。もし、揺れが1分以上続いたら、大津波がその後に襲ってくると思って、ただちに高台に避難すべきです。1分間も破壊が継続する地震が海域で発生すれば、かならず大きな津波を発生させます。この知識は、生きるための知識です。このような、必要最低限の知識を防災リテラシーといいます。

現在の科学技術では、震災を完全に防御することはできません。大震災が発生して、家が倒壊しても、すぐには消防や救急隊は助けにきてくれません。1995年阪神・淡路大震災でも、倒壊した家屋から救助されたほとんどの人は、家族や近所の人に助けられました。消防車や救急車は、数日後にやっとくるのです。このことは、消防などの公の力（公助）ではなく、自分の力（自助）と近所の人の力（共助）で命を守る必要性を示しています。避難所の開設と運営をはじめとして、地域の仲間との自助・共助が重要になります。2013年度の災害対策基本法では、国の防災計画、地方公共団体の地域防災計画のほか、地域コミュニティーレベルでの助け合い（共助）をすすめるために、市町村内の一定の地区の居住者および事業者（地区居住者等）が行う自発的な防災活動に関する地区防災計画制度が新たに創設されました（2014年4月1日施行）。

さらに、震災からの復興には長い年月がかかります。発災後に、最初にしなければならないのは、自分の住む家を再建することです。生活の再建には、市町村などの地方公共団体の力が不可欠です。市町村の職員は、家屋の被害認定などこれまでしたことのない生活再建業務を、通常業務と並行して行わなければなりません。発災前から、生活再建業務を合理的に進めるシステムをつくっておく必要があります。地域の産業の復興が重要です。企業は通常時から事業継続計画（BCP）をつくっておく必要があります。これらの努力は、大地震や大津波がいつ発生するかを予測できなくとも、必ず発生する大地震や大津波への備えとして、国、地方、企業、住民誰もが取り組まなければならないことです。

南海トラフの巨大地震が発生すると最悪の場合、32万人が犠牲になると予想されています。このうち、約8万2千人が建物被害、約23万人は津波被害で亡くなります。もし、耐震化率を100％にし、家具転倒・落下対策を100％にすると、建物被害の犠牲者は1万5千人に減り、全員が発災後すぐ避難開始し、既存の津波避難ビルを有効活用すれば、津波被害の犠牲者は4万6千人にまで減らせることができます。つまり、さまざまな努力をすることで、全体として約5分の1の6万1千人にすることができます。さらに、日ごろからの備えの他に、地震発生の可能性が高まったという科学的な情報に基づいて、津波浸水地域からあらかじめ避難することができれば、犠牲者の数を減らすことが可能となります。国の厳しい規制に基づいた地震防災対応から、住民や企業が気象庁などの公表する科学的な評価を判断して、自主的に応急的な対策を進める新しい社会が実現されることを願っています(3)。そのためにも、災害科学・防災リテラシーの向上が必要です。

3.2

火山災害――2014年御嶽山噴火からの考察

山岡　耕春
YAMAOKA Koshun

【論点】

2014年の御嶽山噴火は深刻な人的被害をもたらしました。火山噴火としては規模が小さかったにもかかわらず大きな被害を発生させた主たる原因は、紅葉シーズン、好天、週末、昼時という条件が重なり、多くの人が山頂の火口付近に滞在しているときに水蒸気噴火が発生したことです。他の火山の噴火でも、噴火発生時刻や天候など関係でたまたま噴火口近くに人がいなかったために大惨事を免れたことも少なくありません。

現在の火山学の水準では、残念ながら確実な火山噴火予知はできません。火山活動の活発化を検知してあらかじめ立ち入り規制や避難ができることもあれば、予想外の噴火が突然起きることもあります。そのため、噴火警戒レベルだけに頼った防災は不十分であり、気象庁などの専門組織ができる限りの情報を提供することが必要となります。自治体・住民・観光客・登山者などは、最終的には自分たちの判断で行動を決断することになります。そのためには、情報の受け手の理解力の涵養が不可欠です。

火山周辺地域の自治体や住民の火山への関心が高いのに対し、火山地域にやってくる都市域からの観光客や登山者の火山への関心が低いことが問題です。特に、火山のない自治体の住民の火山への関心を高めることが大きな課題です。火山や火山噴火に関する基礎的な知識，また火山防災に関する基礎的な知識が必要です。気象庁などが発表する火山活動に関するさまざまな情報は、それらに対する理解力があって初めて役に立ちます。また不意に火山噴火に遭遇したときには、命を守る助けになるかもしれません。

（1）御嶽火山

2014年9月27日に噴火した御嶽山の噴火では死者・行方不明者63名を数える大惨事となりました。噴火規模はそれほど大きなものではありませんでしたが、噴火が発生したのが週末で絶好の登山日和の昼時で、300名以上の登山者が山頂火口付近にいたために、大惨事となってしまいました。噴火は、新たに火口列を形成し、そこから大量の火山灰を噴出しました。噴火による火砕流が登山者から視界を奪い、そこに火口から噴出した噴石が降り注ぎました。しかし、噴火時の御嶽山の噴火警戒レベルは5段階あるうちの最低レベルの1でした。

御嶽山は、我が国の火山としては富士山に次ぐ標高3067mの火山で、日本百名山としても有名です。御嶽山は独立峰であるとともに、名古屋などの大都市から日帰り登山も可能な人気のある火山です。かつては御嶽教の信仰登山が中心で、9月になると登山者も少なくなっていましたが、最近の登山ブームの高まりもあり、多くの登山者が紅葉シーズンである9月にも山に登るようになりました。

御嶽山の火山活動は地質学的には古期御嶽と新期御嶽の2つの期間に分けられます(1)。古期御嶽の活動は主に安山岩質の噴火活動で75万年前から42万年前の間に活動しました。その後、30万年もの休止期を経て、新期御嶽の活動が古期御嶽の活動域のなかで10万年前に始まりました。新規御嶽の活動は、現在まで続いています。このように火山活動は何十万年も休んだ後に再開することもあるのです。新期御嶽における最新のマグマ噴火は6000年前に発生したことが知られています(2)。最近でこそ水蒸気噴火しか知られていませんが、御嶽山もマグマ噴火をする可能性がある活火山なのです。

歴史上知られている最も古い御嶽山の噴火は1979年です。それ以前の噴火は地質学的な証拠しかありません。したがって1979年の噴火は有史以来初めての噴火と表現されています。このときの噴火は2014年の噴火と同様に、新たな火口列を形成してそこから大量の火山灰を噴出しました。火山灰の量は約20万トンと推定されています。この噴火は山頂にほとんど登山者のいない10月28日に発生したこともあり、犠牲者はいませんでした。その後、1991年と2007年にごく小規模の噴火がありましたが、噴火そのものは目撃されず、後から残雪の上に積もった火山灰によって確認されただけでした。

（2）2014年噴火の概要

2014年の御嶽山噴火の前触れは噴火の1カ月前から活発化した山頂火口直下の地震活動でした。その地震活動は9月10〜11日にピークを迎え、気象庁の計測で1日あたり50回を超えました。その後地震活動は継続しつつも低調となりました。また、火山ガスや熱水などの流体の動きを表すと考えられている低周波地震活動も、観測されはしたもののあまり活発化しませんでした。さらに2007年噴火の前に観測されたような顕著な地殻変動も観測されなかったことから、気象庁は噴火警戒レベルを2に上げることを見送りました。

噴火に先立つ顕著な前兆現象は噴火発生の7分前から始まりました。地震計には火山性微動と呼ばれる連続的な震動が捉えられ始め、同時に山頂火口の隆起を示す傾斜変動も観測され始めました。この変化は１９９１年の噴火でも２００７年の噴火でも観測されておらず、比較的規模の大きな噴火の前兆と解釈できる現象でした。気象庁は警報を発表する準備を直ちに始めたものの、噴火開始には間に合いませんでした。その結果、山頂にいた登山者はいきなり噴火に遭遇することになりました。

　このような短い前兆は、水蒸気噴火に特有のものです。マグマ噴火の場合には深さ5～10㎞にあるマグマだまりからマグマが上昇してくるために、マグマの動きを捉えてから警報を発したとしても避難するための時間を確保できます。１９８６年の伊豆大島の噴火では、山腹で割れ目噴火が開始する2時間前から活発な地震活動が記録され始めました。マグマが岩盤を割りながら地表にまで上昇する過程で発生する地震や地殻変動を捉えたのです。粘性の低い玄武岩質のマグマでしたが、地表まで5～10㎞といった長い距離を移動するのに2時間ほどの時間を要したのです。粘性の高いマグマではさらに時間がかかります。２０００年有珠山噴火では、噴火の前兆となる地震活動と地殻変動が3月27日に開始し、4月1日の噴火まで4日かかりました。これは粘性の高いデイサイト質のマグマが上昇したためと考えられます。しかし、御嶽山の水蒸気噴火は粘性の低い熱水の噴出です。御嶽山の熱水溜まりは深さ1㎞よりも浅いと見積もられていて(3・4・5)、熱水が岩盤を割って上昇を始めてから噴火まで7分という非常に短い時間的余裕しかありませんでした。

噴火は、1979年噴火と同様、新たに火口列を形成しました。噴火口から噴出した水蒸気は大量の火山灰を含んでいたため、周辺の空気よりも密度が高く、地形に沿って周囲に広がると同時に、御嶽山の南西斜面を流れ下りました。火砕流が発生したのです。幸いに火砕流の温度が水の沸点をやや上回る程度であったために火砕流そのものは致命的ではありませんでした。しかし、火砕流に巻き込まれて視界を失った登山者には、火口から噴き上げられた大小の石が降り注ぎました。また上空に噴き上がった噴煙に含まれた大量の水蒸気が凝縮して火山灰混じりの雨となりました[6・7]。噴出した火山灰量は10万トンのオーダーと見積もられ、1979年噴火の約半分です[8]。なお、2014年の噴火についての研究成果は *Earth, Planets and Space* 誌に特集号として掲載されており、概要は Yamaoka et al. (2016)[9] にまとめられています。

（3）噴火警戒レベル

2014年の御嶽山噴火災害は、噴火警戒レベルが2になっていさえすれば防ぐことができました。自治体は噴火警戒レベルに応じた立ち入り規制区域の設定などの災害防止策を定めています。御嶽山の場合には噴火警戒レベル2が発表された場合には火口から1㎞の範囲の登山者の立ち入りを規制します。２０１４年噴火でも、火口から１㎞以内の立ち入りが制限されていれば、１㎞以遠では噴石の飛散はごく少なく、犠牲者はほとんどいなかったものと思われます。さらに噴火警戒レベルが2に上がることにより火山活動の活発化がメディアなどで周知されますので、そもそも登山をする人が少なくなったことも考えられます。

しかし噴火警戒レベルの上げ下げは、人間が決めた基準に従って判断されるため、前兆の可能性のある現象があったとしても、必ず噴火警戒レベルが上がるわけではありません。そのような噴火警戒レベルの欠点を補うため、気象庁は「火山の状況に関する解説情報」を必要に応じて発表しています。２０１４年御嶽山噴火の2週間前に地震活動が観測された時には、噴火警戒レベルが1に据え置かれたものの、解説情報が発表されました。解説情報には、小規模の火山灰噴出の可能性が記載されていましたが、深刻に捉える人はいませんでした。

噴火警戒レベルは、気象庁が２００７年に導入したものです（表1）。レベルは5段階で、それぞれのレベルが各火山における防災行動と対応しています。レベル4と5は火山活動が周辺の居住地域に影響をあたえる可能性があって避難が必要な場合に発表されます。レベル2と3は、居住地域には影響の可能性は少ないものの、火口や火山に近付くと危険と判断される場合に発表されます。レベル1はその火山における最も低い警戒レベルで、最低限の規制がなされます。このように噴火警戒レベルは防災行動と対応しているために、受けとる側に大変わかりやすいもの

表 1　噴火警戒レベルの説明（気象庁ホームページの説明から抜粋）

９７	レベル	キーワード	火山活動の状況	住民等の行動	登山者・入山者への対応
居住地域およびそれより火口側	5	避難	居住地域に重大な被害を及ぼす噴火が発生，あるいは切迫している状態にある．	危険な居住地域からの避難等が必要（状況に応じて対象地域や方法等を判断）．	
	4	避難準備	居住地域に重大な被害を及ぼす噴火が発生すると予想される（可能性が高まってきている）．	警戒が必要な居住地域での避難の準備，要配慮者の避難等が必要（状況に応じて対象地域や方法等を判断）．	
火口から居住地域近くまで	3	入山規制	居住地域の近くまで重大な影響を及ぼす（この範囲に入った場合には生命に危険が及ぶ）噴火が発生，あるいは発生すると予想される．	通常の生活（今後の火山活動の推移に注意．入山規制）．状況に応じて要配慮者の避難準備等．	登山禁止・入山規制等，危険な地域への立入規制等（状況に応じて規制範囲を判断）．
火口周辺	2	火口周辺規制	火口周辺に影響を及ぼす（この範囲に入った場合には生命に危険が及ぶ）噴火が発生，あるいは発生すると予想される．	通常の生活	火口周辺への立入規制等（状況に応じて火口周辺の規制範囲を判断）．
火口内等	1	活火山であることに留意	火山活動は静穏．火山活動の状態によって，火口内で火山灰の噴出等が見られる（この範囲に入った場合には生命に危険が及ぶ）．		特になし（状況に応じて火口内への立入規制等）．

になっています。とくに防災を担う地元自治体にとっては大変ありがたいものです。

しかし、噴火警戒レベルはそのわかりやすさが欠点にもなっています。それは、人間の側のわかりやすさを優先した「レベル」と称するフレームをつくり、そのフレームに火山活動を当てはめようとすることです。たとえば、噴火警戒レベル3に対応した立ち入り規制範囲は、火山によって異なります。2014年と2015年に水蒸気噴火を発生させた御嶽山と箱根山大涌谷の立ち入り規制域はそれぞれ約4㎞と約1㎞と大きく異なります。これは、火口から居住地域までの距離が圧倒的に箱根のほうが近いからです。水蒸気噴火という現象には違いはなくとも、社会から要請される情報の精度に違いが出ているのです。しかし、同じ水蒸気噴火ですので、現象の予測精度にそれほど差があるとは思えません。最近では観測技術の向上によって、さまざまな火山現象を捉えることが可能となり、まったく前兆が捉えられずに噴火することはほとんどなくなりました。しかし、どのような様式や規模の噴火になるのかを予測することは依然として困難ですし、噴火のタイミングを正確に予測をすることも困難です。しかし噴火警戒レベルというわかりやすさに、噴火予測の困難さが覆い隠されてしまっています。

(4) 災害の教訓

２０１４年御嶽山噴火災害はどのような教訓を残したのでしょうか。いくつかの課題があると思います。科学的には水蒸気噴火に関する知見の不足、防災的には専門家と地元防災担当者とのコミュニケーション不足が課題としてあげられます。

水蒸気噴火は火山学のなかでは十分に意識されてきませんでした。水蒸気噴火は、火山噴火のなかでは規模が小さいためです。通常、水蒸気噴火は、マグマが地下深くから上昇してくるなかでマグマ性のガスなどが先行して上昇し、浅い場所にある地下水が熱せられて沸騰し、爆発的に噴出したものとのされます。さらにマグマが上昇してマグマ本体と地下水が接触するとマグマ水蒸気爆発を発生させ、ついにはマグマ噴火に至ります。水蒸気噴火は、マグマ噴火の前兆としてしばしば位置づけられます。このようなことから、火山の諸現象を網羅的にまとめた教科書である *The Encyclopedia of Volcanoes* ⑽ でも水蒸気噴火という項目は目次のどこにも見当たりません。しかし、地下水はどこにでも存在しますし、マグマが上昇しなくても火山性のガスなどが地下水を温めて水蒸気噴火に至ることは容易に想像できます。このような熱せられた地下水（熱水）にかかわる現象は、火山よりもむしろ地熱資源の分野で研究が進められてきました。火山学はマグマを扱う学問であるという意識がかえって障害となり、水蒸気噴火の研究が遅れていたといえそうです。

一般に、水蒸気噴火は噴火としての規模が小さいものの、噴火口付近に人がいれば致命的です。水蒸気を勢いよく噴き出せば、火山灰だけでなく大小の石も噴き上げます。落ちてくる石にあたると致命傷にもなります。また密度の濃い火山灰は、火砕流として地形に沿って広がり、いずれも火口付近にいる人にとっては、とっさの避難を妨げます。さらに水蒸気噴火の場合には、水蒸気の地表に向かう動きを示す地震活動や地殻変動が始まってから噴火開始までの時間が短く、マグマ噴火のように情報を伝えて避難を促すための十分な時間を確保できません。２０１８年１月に発生した草津白根山（元白根山《もと》）の水蒸気噴火でも、直前の現象から噴火開始まで2分しかありませんでした。このように水蒸気噴火には、特有な、防災上やっかいな問題があります。

地元の火山防災担当者と専門家とのコミュニケーションが大事であることも改めて示されました。２０１４年御嶽山噴火では、火口直下の地震活動が活発化しても噴火警戒レベルが1に据置かれた一方で、解説情報で小噴火の可能性が示唆されました。しかし、解説情報の意味するところは十分理解されず、噴火警戒レベルが1であるとして、立ち入り規制も登山者への周知も行われませんでした。これは地元防災担当者と火山研究者との間で信頼関係を持った顔の見える関係ができていなかったことが一因だと思います。もしも地元防災担当者と火山研究者が十分な意見交換をしていたらどうだったでしょうか。地元防災担当者にとっては、山頂で発生した地震の意味に加え今後の火山活動推移に関する考え方や防災上の留意点についてより深く理解できていた可能性があります。その理解を元に、登山者への情報提供などができていたかもしれません。また登山者の状況が火山専門家に提供されていれば、登山者への情報提供に関する具体的なアドバイスが専門家からできた可能性もあります。いずれも「たら・れば」の話ですが、異なった立場の人が交流することが、より良い防災対策につながるのが常ですから、地元と火山専門家が噴火前に交流できなかったことは悔やまれることです。

噴火警戒レベルへの盲信も、防がなければいけません。噴火警戒レベルはそれ以前にあった火山活動レベルの改良版として２００７年に導入されました。火山活動レベルは、火山活動の活発化や沈静化の示標を数字として表現したものです。しかし、火山活動レベルだけでは行政が防災上の対応に「困ること」が懸念されることから、防災行動と対応した噴火警戒レベルが導入されました。噴火警戒レベルはわかりやすく、防災行政側にとっても非常に便利なものです。噴火警戒レベルに従って、予め決めておいた対策をとればよいのですから。しかし、火山活動は本来予測が難しいもので、防災行政側が「困ること」が自然なのです。「困ること」を気象庁に押しつけて、火山地域の防災行政側が思考停止してしまってはいけないということが、２０１４年御嶽噴火のもう一つの教訓だと思います。

噴火警戒レベルは、火山活動が活発になってから後追いで変更されることがよくあります。たとえば、２０１６年の阿蘇山では、噴石を火口から１㎞以上も離れた地域にばらまくような爆発的な噴火があってから、レベルを2から3に上げました。レベル2に対応する規制範囲はおおむね１㎞でしたので、もし爆発的噴火が観光客の多い昼間に起きていたら大惨事になっていたかもしれません。2014年の口之永良部島の噴火では、爆発的噴火後にレベルを1から3に引き上げられました。天気がよければ地元の小学生が山頂にまで遠足に出かける予定をしていたようですが、天気が悪いときに噴火したため、惨事を免れました。このように、噴火による人的被害が発生するかどうかは、天気や発生時間などの偶然に左右されることが多く、だれも怪我をしなかったのは単なる幸運であった例が多くあります。

このように噴火警戒レベルは、目安であると考えるべきものです。とくに、自分の命に関係するような判断のためには、信頼するにはまったく不十分なものであると認識すべきです。そうなると、登山者や火山を訪問する観光客は、自分の安全については自分で判断して行動してもらうことになります。彼らには、わかる限りの情報を提供することは必要ですが、最終的な判断の責任は彼ら自身にとってもらうしかありません。その判断には、火山活動に関する理解力（リテラシー）が必要で、理解力がしばしば自分の命を守ります。実際、2014年の御嶽山の噴火では、地震活動があったのを知って登山を断念し、結果的に命拾いをした例があると山小屋の経営者から聞きました。

火山へは都市域からやってくる人が多く、火山の地元に住んでいる人たちに比べ、十分な火山に関する理解力の涵養ができていません。これは火山にやってくる人たちの住んでいる地域の防災上の盲点といえるものです。自治体の防災は、その自治体が被る可能性のある自然災害に対応するのが仕事です。しかしその自治体に住む住民がよその地域を訪問して自然災害の被害を受けることへの対策は、その自治体の仕事ではありません。２０１４年の御嶽山噴火では、犠牲者のうち居住する都道府県で最も多かったのは愛知県で、17名でした。しかし、愛知県民には火山防災に関する注意喚起や知見の提供が愛知県の防災担当部局からなされるわけではありません。また多くの東京都民が富士山に登りますが、東京の防災部局は富士山が噴火して東京に火山灰が降ることの対策を考えるだけで、富士山で最も頻度の高い溶岩流出は所掌の範囲外です。そのため、首都圏のメディアも富士山の噴火といえば、首都圏に火山灰が降ることしか報道をしません。そのため、富士山では大規模な溶岩噴出が火山灰噴出よりも頻度が高いことを知らないで、多くの人が富士山に登ります。（火山域外の）都市住民に対して、日本国民の火山に関する理解力を向上させることが、大きな課題だと思います。

3.3 対策上の「想定外」を回避するために必要なこととは？

入倉 孝次郎
IRIKURA Kojiro

【論 点】

２０１１年３月11日東北地方太平洋沖におけるマグニチュード9.0の地震の発生は「想定外」だったといわれています。科学研究として、東北沖にＭ９級の大地震が発生する可能性を指摘する複数の論文が発表されていましたが、国の施策に大きな影響を持つ地震本部が公表していた長期評価ではＭ９は想定されていませんでした。しかしながら、地震本部の目的は、地震予知ではなく、将来の大地震による災害の軽減のため、日本全国の主要活断層や海溝型地震を選定して個別に地震発生の確率の評価（長期評価）を行い、それに基づいて確率論的地震動予測および震源を特定した地震動予測を行うことにありました。Ｍ９の発生自体は、

「想定外」の現象でしたが、東北沖の海溝寄りの領域に比較的高い確率で津波地震の発生が評価され公表されていたので、津波高が評価されていれば、今回の地震とほぼ同規模の津波は予測されていたはずです。長期予測のような災害軽減のための重要な情報が発表されても、それにより引き起こされる可能性のある津波や地震動の大きさ、さらに災害発生の可能性について、社会に発信する努力が払われなければ、防災対策にはつながりません。地震・防災情報について、科学技術コミュニティから社会に対し、専門知を結集した科学的・技術的知見の提供が必要とされています。

（1）問題の所在

東日本大震災を引き起こした2011年3月11日東北地方太平洋沖地震はモーメント・マグニチュード9.0（Mw 9.0）という日本周辺における観測史上最大の地震でした。この地震による津波は北海道から千葉県沖までの太平洋沿岸地域に大きな被害をもたらし、死者・行方不明者が2万人近くにも上る大災害を引き起こしました。死因の90%以上が津波に関係した溺死によるものです。この大規模な津波による福島第一原発の事故は、災害を拡大し、震災からの復旧や復興を困難にしました。このような大震災がどうして起こってしまったのか、科学・技術的および社会的観点からの検証が必要と考えます。

東日本大震災の被害を大きくした理由の一つは、東北地方太平洋沖でMw 9.0クラスの地震の発生を想定できなかったため、国として災害軽減対策が十分とれていなかったことにあることは、地球科学の研究者のみならず防災の関係者も認めています(1)。

なぜMw 9.0を想定できなかったかは、この地震の後、地震学のみならず地質学・地形学など地球科学の多くの研究がなされています(2)。本書においても、3.1で詳細な検証がなされています。最も大きな理由は海域での観測データが十分ではなかったことにありますが、津波堆積物など古地震学の情報を生かせなかったことや沈み込み帯の地震活動の理解が不足していたことなどが挙げられています。実際には、科学的研究として、東北地方太平洋沖にMw 9.0クラスの地震の発生の可能性を指摘する論文は少なからず発表されていました(3、4)。国として地震防災のために進めてきた地震調査研究推進本部（以下、地震本部と記す）のそれまでに公表された長期評価において、Mw 9.0が想定されてなかったことが大きな影響を及ぼしたことは否定できないと思います。

しかしながら、地震本部の活動の目標は、Mw 9.0のような地震を決定論として予測することではなく、地震による災害の軽減のための地震活動の評価にあります。地震本部の活動が十分機能していたかの検証が必要ですが、大震災の内容を詳細に検討してみると、大災害の理由をMw

9.0が想定されてなかったためとすること自体に問題がある、と考えます。

（2）災害を想定するとは

日本は歴史的に地震による災害を繰り返し経験してきました。日本における地震学研究の歴史および地震災害軽減のための地震本部設立の経過を振り返ってみると、興味深い事実が浮かび上がってきます。地震の研究者の集まりである地震学会は、１８８０年横浜地震の被害を契機として在日外国人学者が中心となって結成され、その後１８９２年に解散されましたが、１９２３年関東地震による大震災を受けて１９２９年に再設立された歴史をもっています。大学における地震研究の歴史についても、東京大学地震研究所は関東大震災の翌々年の１９２５年に設置されています。このように、地震学は、日本においては、地震による悲惨な災害を軽減するための防災研究を重要な柱の一つとして発展してきた、といえます。

近年の地震防災の取り組みは、１９６５年に始まった地震予知計画を中心に進められてきました。地震予知計画は、観測網の全国的な展開を行い、それにより観測データに基づく地震現象の解明と地震学の飛躍的発展に寄与するとともに、国民の地震活動の理解の形成や防災意識向上に貢献してきました。しかし、研究が進むにつれて前兆現象検出の困難さが明らかになってきました(5)。１９９５年1月17日兵庫県南部地震による大被害を受け、地震予知体制について見直されました。同年6月に地震防災対策特別措置法が制定され、この法律の下に、同年7月に地震調査研究推進本部が総理府に設置されました（現在は文部科学省）。

地震本部は、それまでの地震予知計画では、地震に関する調査研究の成果が国民や防災を担当する機関に十分に伝達され、活用される体制になっていなかったという反省から、将来おこりうる地震について、観測網の整備、調査・研究体制整備、行政の判断システム、国民への情報発信などの体制の構築を一元的に推進してきました。

地震本部の基本的施策は、１９９９年4月に「総合的かつ基本的な施策‐当面推進すべき地震調査研究」としてまとめられました。そのなかで、当面推進すべき地震調査研究として、「長期予測と強震動予測に基づく全国を対象とした地震動予測地図の作成」を挙げ、その推進を図ってきました。全国の主要な活断層や海溝型地震の地震活動を調査に基づいて、長期的な地震発生の予測、すなわち長期評価、が始まりました。長期評価の結果と地下構造調査や地盤調査資料の収集による地震動評価を結び付けて確率論的地震動予測地図および震源断層を特定した地震動予測地図が２００５年3月に発表され、その後基本的には毎年更新されています。

【東北沖における地震ハザード評価】

今回の地震の震源域にあたる東北地方太平洋沖では、過去何度も気象庁マグニチュードＭ７〜

8級のプレート境界地震が発生しています。地震本部は、これらの地震の活動履歴から、この地域を7つの領域に分け、それぞれの領域の地震活動の性質を調べ、それぞれに適切な確率モデルを当てはめて長期評価を行い、2002年に公表しております(6)。

そのなかで、宮城県沖のように陸側寄りの領域では地震の繰り返しが見られるので、固有規模の地震がほぼ一定の間隔で発生する（更新過程）という仮定に基づいて、今後一定期間内の地震の発生確率が評価されています。三陸沖から房総沖の海溝寄りの領域ではM8クラスの津波地震が複数回起こっていますが、それらの繰り返し間隔は不明なので、津波地震はランダムに発生する（ポアソン過程）という仮定に基づいて今後一定期間内の発生確率を評価しています。今後30年間の大地震の発生確率は、宮城県沖地震の領域では、M7.5の地震が37年間隔で発生すると評価され、2010年1月の段階で今後30年以内の発生確率は99%、三陸沖北部から房総沖の海高寄りの津波地震の領域では、M8.2の地震が20%と評価されました。今後30年以内に震度6弱の揺れを受ける確率（確率論的地震動予測地図、2010年1月1日を起点）が図1に示されます(7)。

津波評価については、地震本部は直接的には行っておらず、中央防災会議や県の防災計画に任されていましたが、地震本部がM9クラスの地震を想定しなかったことも影響し、結果的に他機関でもM9は考慮されませんでした。しかしながら、地震本部の確率論に基づく長期評価が正しく理解されていたならば、津波の過小評価は防ぐことができたはずです。

東日本大震災の津波の特性は、三陸沖の日本海溝付近の狭い領域を波源とする明治三陸タイプともう少し陸側の広い領域を波源とする貞観タイプの地震が同時に発生したことで説明できることが最近の研究で明らかになってきました(2)。また、津波高は三陸沿岸域では明治三陸津波とほぼ同程度だったこともわかってきました。地震本部が三陸沖北部から房総沖の海溝沖の領域で「ポアソン過程」で地震発生の30年確率がM8.2の津波地震20%と評価していたことはきわめて重要です。これは、この領域内では

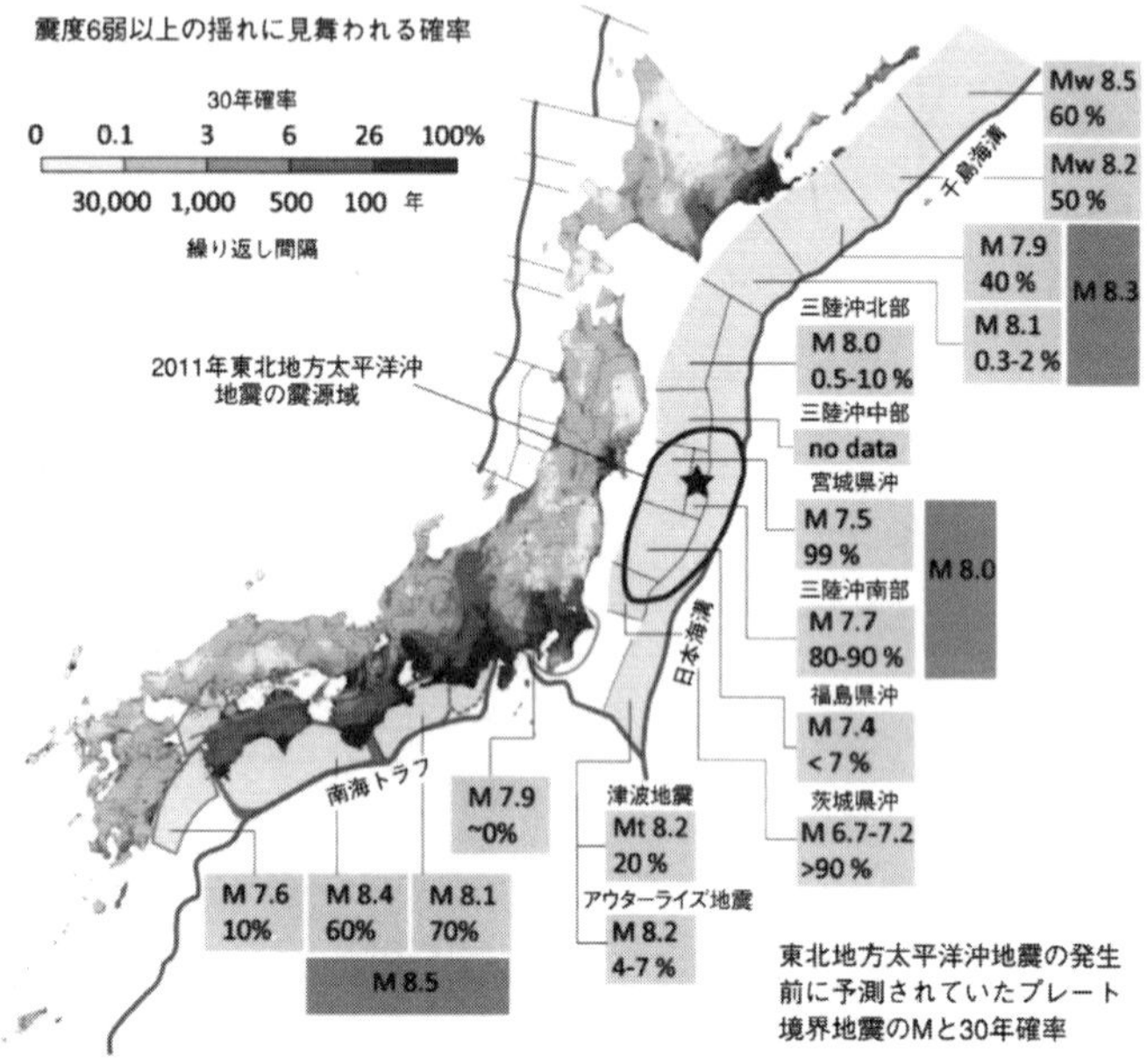

図1　今後30年以内に震度6弱の揺れを受ける確率を示す地震動予測地図（2011年1月1日を起点）とプレート境界地震の30年確率

東北地方東海岸沖の丸印は2011年東北地方太平洋沖地震の震源域，★印は震央．地震調査委員会（2009，2010）．

どこでも1896年明治三陸地震と同程度の津波地震が発生する，ということを意味していますので，それに基づいた防災対策がとられるべきです。しかしながら，この情報は，中央防災会議「日本海溝・千島海溝周辺海溝型地震に関する専門調査会」でも正しく理解されませんでした(8)。

東日本大震災の教訓の一つとしては，地震本部がM９地震を想定してなかったことは事実ですが，大災害の理由はM９地震の想定に問題があったのではなく，地震本部による確率論的地震ハザード評価の意義が正しく理解されてなかったことによる，といえます。

（3）強震動予測レシピの重要性

地震や火山噴火などの自然現象は，一般的には複雑系の科学で，人類の歴史に比べ低頻度の発生のため観測データが限られており，実大規模の実験はほぼ不可能，などの科学的な議論を行う上で大きな制約があり，決定論的に確度の高い情報を出すことはきわめて困難です。一方で，発生頻度は低くても，発生した場合に，きわめて大きな被害を生じることが予見される事象でもあります。このような事象に対する科学的な理解には限界があり，予測に大きな不確実性があるとしても，地球科学の研究者には災害軽減のための情報の提供が期待されています。

地震の発生の物理は，近年の地殻変動，高感度地震データ，強震動データなど観測網の整備により、自然科学的な解明が急速に進んだ分野の一つといえますが、同時にその地震現象そのものの多様性もわかってきて、地震発生の将来予測は、大きな不確実性を伴い、現実的には確率論的にしか論じられないと考えられています。

その意味で、地震本部の長期評価は地震災害を検討するうえで基本となる情報ですが、被害軽減のための具体的対策には、長期評価による地震発生の確率の数値のみでは有効に役立てることはできません。長期評価の情報を被害軽減対策に結びつけるには、地震が実際に発生すると想定して、地震動や津波の大きさ、それらの諸特性の信頼性ある予測が必要です。予測された地震動・津波高に対して、どのような対策を立てるかは、災害リスクの評価と合わせて、地方自治体や地域住民自身が検討していく必要があります。

活断層や沈み込み帯を対象として、将来の大地震を想定して、強震動を定量的に評価する方法は「強震動予測レシピ」としてまとめられています(9、10)。確率論的地震動予測には観測データを用いた経験的地震動予測式が用いられていますが、レシピに基づく評価法は地盤条件をそろえれば強震動予測式とほぼ一致することが明らかになっています。

津波に関しては、地震調査委員会では津波高の予測をしていなかったこともあり、東北沖の大地震の前には「津波予測レシピ」は作成されていませんでした。この地震の後、地震調査委員会のもとに津波評価部会が設置され、地震により発生する津波の予測手法を検討するとともに、それを用いた津波の評価を行っており、２０１７年１月に「波源断層を特性化した津波の予測手法（津波レシピ）」が作成されています。

【強震動予測レシピの基本的考え】

「強震動予測レシピ」は、活断層に発生する地震による強震動予測を目的として、図２に示されるような枠組みで構成されています。(1)活断層調査、古地震データ、ＧＮＳＳデータ、地震活動調査に基づく想定地震の長期評価、(2)強震動記録、遠地記録、干渉ＳＡＲデータなどによる震源インバージョン解析や被害資料分析による震源情報の収集、(3)地下構造や地盤構造の地球物理学的調査、重力調査、ボーリング検層、微動調査を

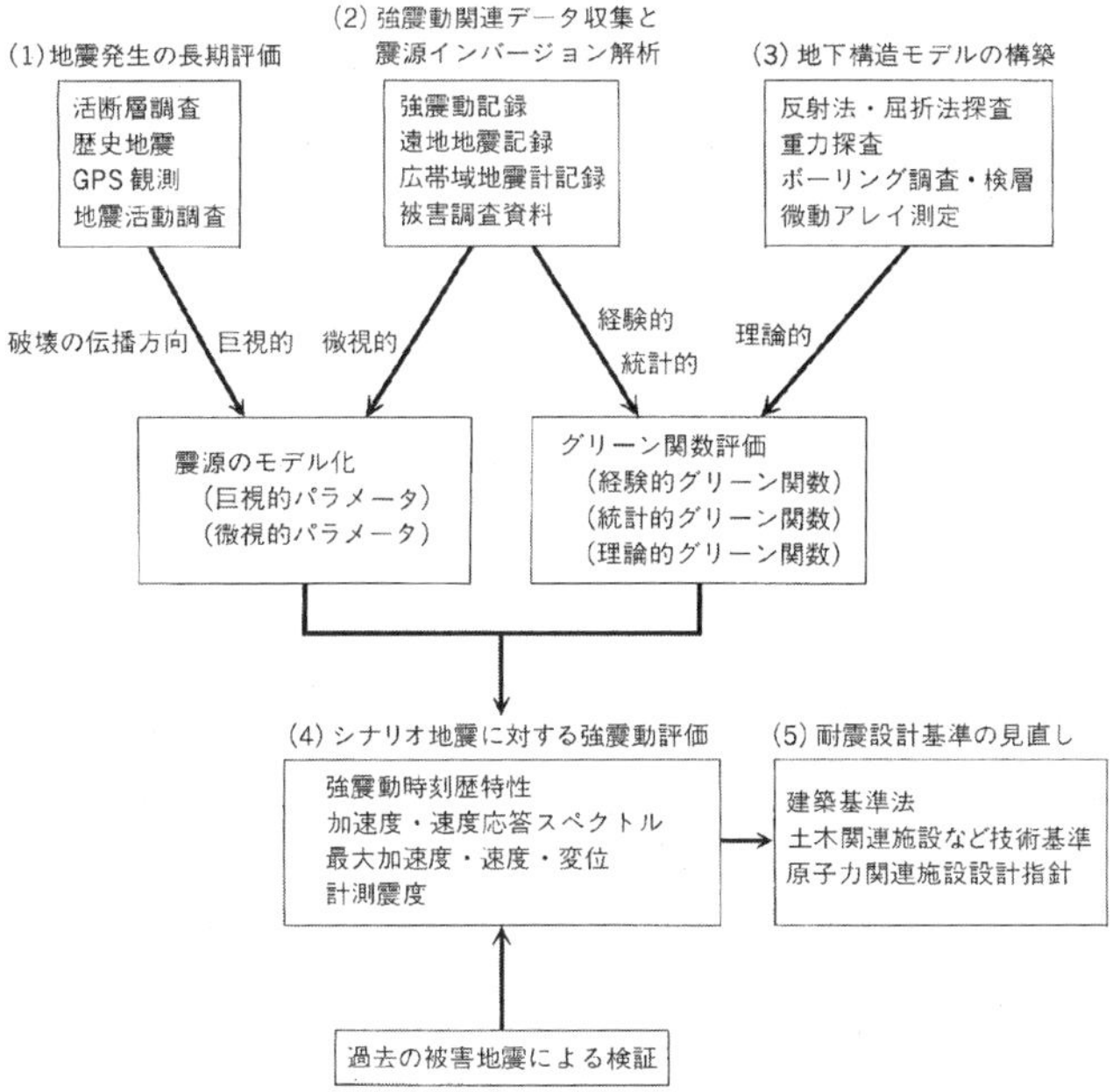

図２　強震動予測レシピの枠組み

用いた震源から対象地点までの詳細な地下構造調査、を総合して、震源断層のモデル化と合わせてグリーン関数（弾性体のある点（震源）へ単位力を与えたときの観測点での応答関数）の計算を行い、想定地震に対する各地の地震動の推定を行うものです。
　このレシピは、１９９５年兵庫県南部地震を契機に、Ｍ５〜７クラスの内陸地殻地震を対象として研究開発されたものですが、その後、地震本部の強震動評価部会が中心となって、プレート境界沈み込み帯地震やスラブ内地震に対するレシピが整備されてきました。被害地震が発生する度に強震動評価を通して強震動予測レシピの検証が続けられています。
　この「レシピ」は同一の情報が得られれば誰がやっても同じ答えが得られる強震動予測の標準的な方法論を目指したものです。現状ではいまだ開発途上であり、今後の地震関連データの蓄積と動力学的断層破壊過程に関する理論および実験的研究の発展により、修正を加え、改訂されていくことを前提としているものです。なお、ＧＮＳＳ（全地球測位システム）とは、人工衛星を用いて地上の位置を計測するシステム、干渉ＳＡＲとは、２枚の合成開口レーダ（ＳＡＲ）画像の干渉処理により地形の標高や変動量を求める技術です。また、インバージョン（逆解析）とは、観測データからその源となる現象を逆問題として推定する方法です。

【強震動評価のための震源断層のモデル化】

大地震の時に生成される強震動を評価するためには地震の源である震源断層のモデル化が必要

です。近年、地震関連データの観測網の整備により、大地震が発生すれば、高密度で高分解能の強震動記録、遠地地震記録、ＧＮＳＳデータ、干渉ＳＡＲデータが得られるようになりました。それらの記録を用いた震源インバージョンにより、震源断層は一様ではなく不均質なすべり分布を持つことがわかってきました。特に、強震動の生成は、断層面全体ではなく、破壊時に大きなすべり域、いわゆるアスペリティ領域での応力解放に関係していることがわかってきました。将来の大地震の災害軽減のためには、どのような強震動がやってくるか事前に知る必要がありますが、微細で複雑な震源モデルの予測は不可能です。構造物の被害に関係する強震動特性（最大加速度、最大速度、スペクトル特性、パルス形状）を再現するには、アスペリティ領域の面積とそこでの応力降下量が最も重要な役割を果たしていることが明らかになってきました。

これらの研究を通じて、強震動を予測するには、震源断層全体に関係する巨視的断層パラメータと震源断層内の不均質性に関係する微視的断層パラメータの両方を設定する必要があることがわかってきました。これらのパラメータの設定手順は地震本部の強震動予測レシピに詳細が記されています(10)。

強震動予測レシピの検証は、２０１６年 Mw 7.0 熊本地震の強震動に対して行われています。この地震は、震源となった断層を取り巻いて防災科学技術研究所の強震動観測網（KiK-net, K-NET）および気象庁・自治体震度計観測網によって多くの強震記録が得られました。この地震の地表地震断層の調査結果および余震分布から日奈久断層帯北部および布田川断層帯に沿った震源断層面を想定して、強震波形記録を用いた震源インバージョン解析がいくつかのグループでなされています。波形インバージョンの結果から推定された震源断層の長さは42〜56km、断層幅は18〜20kmとなっています。震源インバージョンから評価された震源断層面積と地震モーメント（F-netによる）の関係はこれまでの日本における内陸地殻内に発生した地震の経験的スケーリング則によく一致しています(11)。

　強震動記録を用いた波形インバージョンによるすべり分布を参考に、複数のセグメントを設定してセグメントごとに強震動生成域を設定し、経験的グリーン関数法を用いて再現された本震の強震動は図3に示されるように観測波形とよく一致しています。強震動生成域の総和やそこでの実効応力は、レシピから推定され

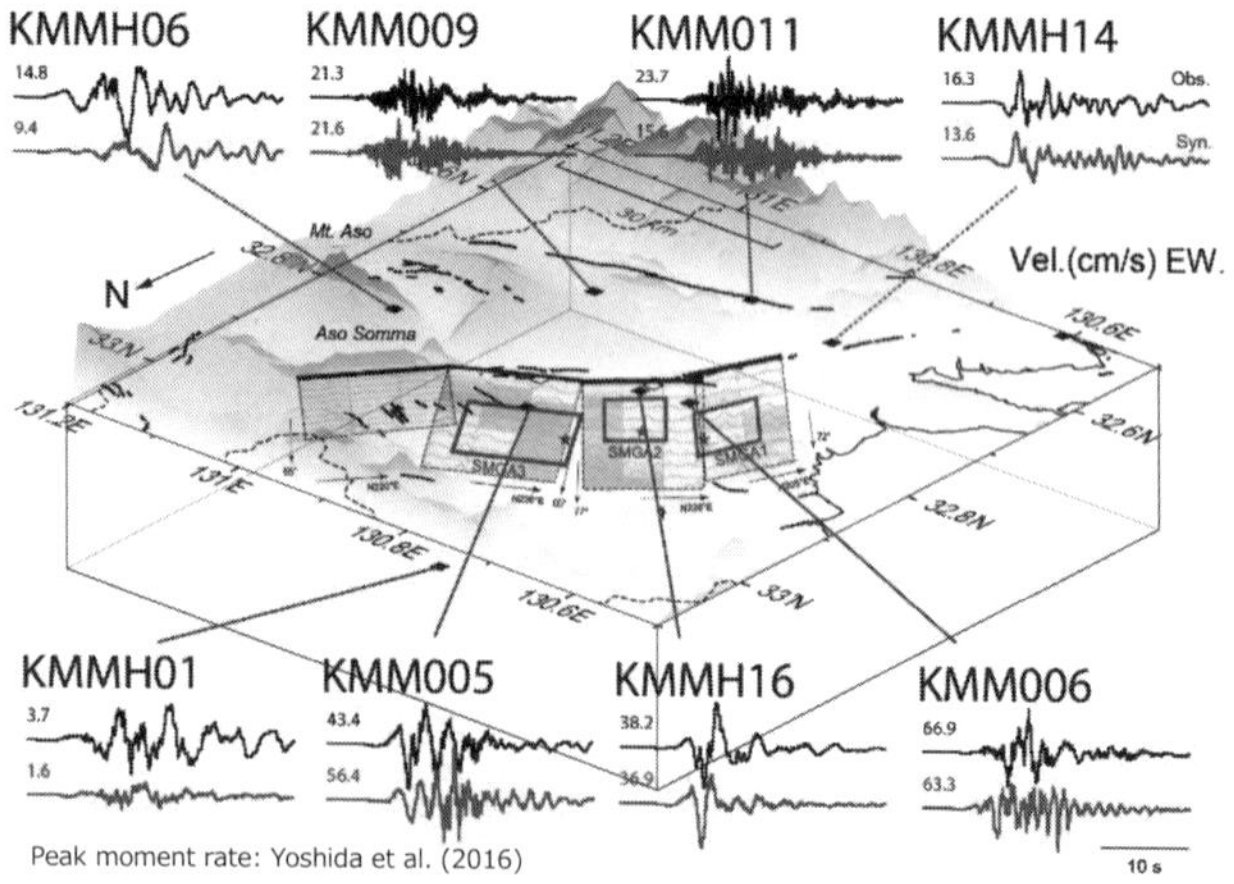

図3　2016年M7.0熊本地震の震源モデルとそれに基づく合成波形と観測波形の比較

るパラメータとよく一致します（11）。

しかしながら、レシピに基づく合成波形は地表断層により近い（2km以下）西原村役場や益城町役場の観測点で得られたフリング・ステップをもつ長周期地震動を再現できません。地表断層の極近傍域での強震動を再現するには、地震発生層以浅に長周期地震動生成域（LMGA; Long-period Motion Generation Area）を設定して、地表を含む波動場の計算可能な地震動評価法を用いて評価する必要があります。

（4）想定における総合的判断の在り方

地震本部などの地球科学の専門家を含む国の機関は、東北沖における巨大地震の発生、さらにそれに伴う破壊的津波の到来の可能性を事前に国民に伝えられませんでした。東北沖大地震の後、国民の科学および科学者や技術者への信頼が損なわれたことが2012年科学技術白書で指摘されています（1）。

東北沖の長期評価では、短すぎる地震活動期間と小さな領域ごとの固有地震説のあてはめなど評価技術そのものに問題はありましたが、三陸北部から房総沖の海溝寄りの領域について比較的高い地震発生確率で津波地震が発生することが公表されていました。地震本部の活動が東北地方で地震災害の軽減に有効に生かされなかったのは、M9の大地震が想定されなかったことにあるのではなく、長期評価の内容が正しく社会に発信されてなかったことにある、と考えます。

このことは、地震本部が大地震発生の長期予測に関して重要な情報を得ても、社会に発信する努力が十分に払われなければ、その情報は防災対策につながらないことを示しています。長期予測に基づく地震ハザード評価の現状を社会に対し丁寧に説明し、政府や地方自治体が適切な防災対策を取ることができるように継続した取り組みが必要ですが、東日本大震災の前にその努力が不十分であった可能性があります。地震・防災情報について、科学技術コミュニティから社会に対し、専門知を結集した科学的・技術的知見の提供が必要とされています。

２０１６年熊本地震についても、被害をもたらしたMw 6.5やMw 7.0地震を生じた日奈久断層帯や布田川断層帯については長期評価がなされ、被害地の熊本市東部や益城町は今後30年以内に震度6弱以上が20％、震源を特定した地震の強震動評価では、震度6強以上と評価されていました。このような地震動情報は住民には必ずしも認識されていませんでした。知っていたとしても、どのような対策をすべきかわからないなどの問題があり、結果として大被害が生じてしまった、ことになります。

自然現象に対する科学者の理解はきわめて限られています。自然科学的に解明が進んだ現象に関しても、将来予測には大きな不確実性を伴わざるを得ず、現実的には確率論的にしか論じることはできないと考えます。実際には過去に生起していても記録がなく未だに知られていない現象に関しては、事前に科学的に論じることはきわめて難しい、といえます。そうした現象が生じ得ると演繹的に推察されても、相応の確証がない限りは自然科学的に決定論的な断定はできないため、現象が生じた際には自然科学にとっての想定外となってしまいます。今後研究が進んでも将来「想定」を超える現象が生じないとは言い切れません。

一方、技術的には、事象の頻度とその事象が生じた場合の被害の大きさや内容を総合的に考慮して災害リスクを評価し、リスクの大きさに応じた対応策の検討がなされます。その際、人命保護を最優先とし、構造物・施設・情報システム・経済活動などの保全の観点から総合的判断が必要とされています。科学の立場からは、限界はあったとしても、技術的にリスクを評価することで、「想定外」を回避することは可能となる、と考えます。

確率的に発生頻度が低いと評価される事象でも、発生した場合に被害規模が大きくなると予想されるものについては必要なリスク管理のための対策を講じるべきです。今後、国民の安全のために、科学・技術研究と政策立案・実行者が連携して災害リスクに対する対応策を総合的に判断する仕組みを整備する必要があります。最後に最も重要なことは、自然現象を深く理解することができるように、学校教育だけでなく社会人を対象とした災害ハザードやリスクの教育の充実を図るべき、と考えます。

4.1 土地利用の持続可能性に関する問題とは？

氷見山 幸夫
HIMIYAMA Yukio

【論 点】

「持続可能な土地利用」とは、「持続可能な開発（発展）と調和し、それを支える土地利用」という意味です。それぞれの場所に現在ある土地利用をそのまま続けることや、逆にある視点から見て「理想的」な土地利用に直ちに改変することは、必ずしも良いというわけではありません。

土地利用の管理には国や自治体などの行政が大きな役割を果していますが、市民レベルでの関与も軽視できません。両者の立場と役割は異なりますが、両者に共通する近年の傾向として、土地利用への関心と理解の低下があげられます。それが「土地利用の持続性」に関する最大の問題です。これは逆の言い方をすれば、行政と市民とが土地利用に関心を持ち理解を深めるようにすれば、持続可能な社会づくりに繋がるということであり、それは双方にとって有益なことだと思われます。

持続可能な社会とは、それ自体が長期にわたり継続的に豊かで安全なものであるだけでなく、他の社会、すなわち将来世代や他の地域・国々などの社会に不当な負担を強いたり迷惑をかけたりしないものであるべきです。そのような社会にふさわしい「持続可能な土地利用」は、地球上の土地の有限性や各地域の土地利用と土地条件の現状や変化とともに、社会経済的背景や地理的条件などへの理解をも深めつつ、また地球温暖化に伴う海水位の上昇などの環境の変化にも留意しながら、目指す必要があります。

（1）地球人間圏科学と土地利用

人間圏とは、人々がその一部として存在し、生活し、さまざまな活動を行っているところであり、地球人間圏科学は地球とそれが宿す人間圏を研究対象とする科学です。20世紀に入ってから今日まで、世界の人の数、すなわち人口は著しく増加し、人間活動も活発化して、人間圏は急速に拡大しています。人間圏では都市的土地利用が卓越する都市域の拡大が顕著で、人々の活動の高密度化、運輸流通網の発達などの社会経済的変化や、ゴミや汚染の増大なども見られ、その影響は陸地にとどまらず、周辺の海や大気にも及んでいます。

人間圏は今や運輸通信、建物の高層化などで大気圏にまでその圏域が広がり、海中・海底の運輸通信や資源採掘目的の利用が進み、また地下にも資源採掘、運輸通信、建物の地下化、廃棄物処分などでその圏域が拡大しています。しかし人間活動のほとんどは現在も陸地の表面付近にあり、人々はその地表すなわち土地を、商工業用地、宅地、道路、農地、公園、森林などさまざまな目的で利用し、暮らしています。このような土地の利用を「土地利用」と呼びます。

人々は地形や土壌、気候などの自然的な条件や、土地利用規制、土地所有、地価、周囲の環境やインフラの整備状況などの社会経済的な条件を踏まえ、不都合な条件を改善しつつ土地を利用して生活し、文明と文化を築いてきました。しかし最近は経済発展の大きな波のなかで、目先の利益や経済性、利便性、快適さなどが重視され、持続可能性や安全性に疑問のある土地利用が増える傾向にあり、それが環境問題の深刻化や災害の増加、社会経済的なもろさや不安定さなどを助長しています。

それぞれの場所の持続可能な土地利用の追求は、その場所の現在の土地利用を表面的に見るだけではできません。過去から現在までの変化を見る歴史的視点、狭い地域だけでなく広い地域も見るマルチ地域スケールの視点、地域を多面的かつ統合的に把握・理解する姿勢が強く求められます。またそれらに裏付けられた将来予測や持続可能な開発（発展）の理念をしっかりと踏まえた、総合的な判断に基づいてなされなければなりません。

（2）日本の土地利用の変化

前項で見たように、持続可能な土地利用を考える際に欠かせない視点の一つが、歴史的な視点です。たとえば災害の危険性を評価する際に、その土地の過去の土地利用が何だったのかを知ることは非常に重要です。たとえば、かつて沼だったところが宅地化されているような場合、水害の恐れがないかどうか、慎重に見極める必要があります[1]。国土交通省国土地理院とその前身となる機関が明治期以来つくり続けてきた五万分一地形図は、そのような時に大変有用です。ただし1枚の図がカバーする範囲がおよそ20㎢程度なので、市町村レベルで利用するのは容易ですが、全国をカバーするには千枚以上の図を繋げなければならず、全国を俯瞰することはできません。

図1は、明治期以来の五万分一地形図数千枚を基に筆者らが作成した全国土地利用データベースWeb版（LUIS-Web）の入口の画面の一部です。国立環境研究所地球環境研究センターより公開されており、日本全国の明治期からの全国の土地利用の変化をさまざまな側面から俯瞰したり、土地利用分類ごとに抜き出して確認することなどが容易にできます[2]。これはまた、マルチス

ケールで地域を見るうえでも役に立ちます。

日本の明治期以降の土地利用変化を特徴づけていることの一つは、急速な都市の拡大です。人口分布と人間活動が高密度で集積しているところが都市です。都市化は都市域の拡大、都市的土地利用の増大、人やもの、都市的産業や機能などの集積、都市システムの発展、都市型生活スタイルの普及などの特徴をもっています。開発途上の国や地域の場合、都市化は人口増加や工業化などの影響を強く受けていますが、先進国では豊かさを背景とした変化が多くなっています。いずれの場合も、都市の急速な拡大は、周辺の農地を脅かしたり、自然災害が起こりやすい場所への都市域の拡大を招いたり、あるいは大気や水、

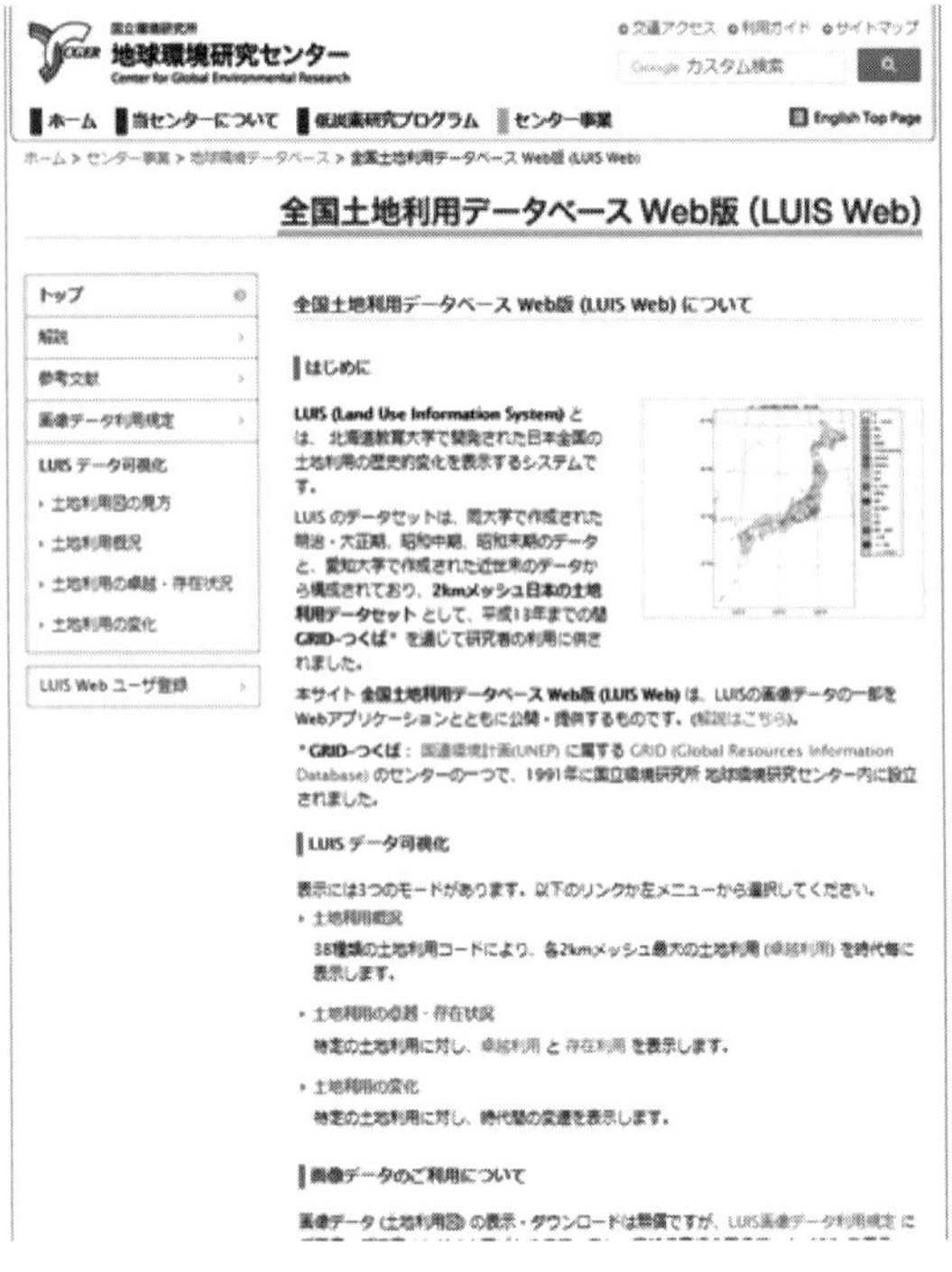

図1　全国土地利用データベース Web 版（LUIS Web）

土地などの深刻な汚染を招いていることがしばしばあります。ある場所の土地利用の変化はそれ自体が主な環境変化の一つですが、同時に他の場所や他の種類の土地利用変化や環境にも大きな影響を与える可能性があります。都市化の進展は、人々を土地や自然から切り離し、人間本位の考えに陥らせてしまうこともあります。環境を自分で観察したり、自然との共生を体感し学んだりすることのできる、野外学習の機会を充実させることも必要なのでしょう。

急速な近代化と経済発展のなかでもわが国の森林と農地の面積は、長期にわたり驚くほど安定していました。その最大の理由は、北海道というバランス役がいたからです。本州以南で農地の宅地化と荒れ地の植林が進められていた時、北海道では森林の農地化が進められ、国全体としての農地と森林の増減をそれぞれ緩和していました。温暖化が顕在化しつつある今日、それが農業にプラスに働くかもしれないという期待から、北海道農業への関心が高まっています。その当否には議論がありますが、そのような国土の多様性がいざという時に役立つ可能性があります。国土をよく知り、大切にし、それとうまく付き合うことが肝要だと思われます(1)。

(3) われわれはどこに住めばよいのか？

2015（平成27）年6月20日、東京の乃木坂にて、日本学術会議が主催する学術フォーラム

「われわれはどこに住めばよいのか？～地図をつくり、読み、災害から身を守る～」が開かれ、三百名収容の講堂が一杯になりました(3)。東日本大震災が起こってから4年余りたっていましたが、安全安心に対する関心がまだ非常に高かったことが伺えます。この学術フォーラムのポスターには次のように書かれていました。

東日本大震災発災から4年余り過ぎましたが、大きな痛みは続き、復興は未だ道半ばです。現代の科学技術でこのような大災害をなくすことはできません。しかし、災害についてよく知ることにより、被害を軽減することはできます。地形図や地質図、ハザードマップなどにはそのための情報が詰まっています。どんな地図情報があり、それからどう災害リスクを読み取ればよいか、また人々が自ら地図をつくったり活用したりして災害から身を守る社会はどうしたら実現できるかなどを、地球人間圏科学的視点から考えます。

この集会を企画したのは学術会議の地球人間圏分科会で、9名の講師陣は全員、この分科会の委員でした。この分科会には地球と人間とのかかわりをさまざまな面から研究している35名前後の委員がおり、災害・防災や地球環境問題に関するシンポジウムを開く、政府や学術コミュニティ、社会への提言をまとめて公表する、などの活動を行っています。

本節のテーマは「土地利用」ですが、人類のほとんどは土地以外に住むことのできる所がなく、ほとんどすべての「住む」という行為、「生活する」という行為は、土地を利用するほかに方法がありません。高層マンションに住むとしても、そのマンションは土地の上に建てられています。このように、この学術フォーラムの影の主役は「土地利用」とみることもできます。

それではこのフォーラムでは具体的に何が論じられたのでしょうか。表1にある演題のリストから明らかなように、扱われている災害の種類は津波災害、火山災害、土砂災害、水害など多岐にわたります。また安全で安心して住める場所を探す時に役立つものとして、津波堆積物、地理院地図、地質地盤情報、ハザードマップ、地理情報と統計、水害地形図などがあげられています。安全で安心できるところに居所を定めることは「持続可能な土地利用」の一つの要件であり、それを実現することに役立つ地図資料が現にいろいろあるということです。それらの資料を利用して、自分自身の住んでいる所とその周辺地域の土地利用を安全・安心の面から見直すことが望まれます。

表1　日本学術会議主催学術フォーラム
「われわれはどこに住めばよいのか？
～地図を作り，読み，災害から身を守る～」
（平成27年6月20日開催）の演題

・堆積物が教えてくれる大津波の痕跡
・火山と共存する日本人が向き合う災害
・地域の災害特性を地理院地図で理解する
・災害リスク管理のための地質地盤情報の共有化
　－忘れられた国土情報
・わかりやすいハザードマップを作るための要件とは？
・地理情報と統計解析を用いた土砂災害の発生可能性の評価
・家や工場を建てる際には水害地形図で事前の検討を
・防災・減災につなげるハザードマップの活かし方
　－地理学の視点
・ハザードマップの展開：最新情報と普及の実際

日本は地震や台風、洪水、地すべりなど、自然災害の大変多い国です。そのなかで豊かで安全な暮らしを実現するため、政府も国民もさまざまな努力をしてきました。しかし自然災害は、世界的に見ても減るどころか右肩上がりに増加しており、日本も例外ではありません。より安全で安心できる国を実現するためには、堤防の整備や建物の補強といった技術面にのみ偏することなく、長期的・大局的な観点から、安全性にいっそう配慮した土地利用を普及する必要があります。そのなかには、かつて沼田であったところの宅地化の抑制などが含まれるでしょう。また一方で、日本のどこをとっても、未来永劫絶対安全な所などないということを踏まえつつ、国土全体の長期的変化を俯瞰し、国土利用構造全体のあり方を追究することが大切です。

（4）地球温暖化と土地利用

過去数十年間の地球の温暖化はさまざまな形で土地利用に影響し、反対に土地利用も温暖化に影響すると考えられています。日本でもよく知られている地球環境問題の大家レスター・ブラウンは、グローバルに見たときの温暖化の土地利用への主な影響として、次の点をあげています(4)。

① 海水の温度上昇と氷床の融解に起因する海面上昇により、低地に位置する都市や農地が水没する。

②動植物種によっては、急速な気温上昇に耐えられない。
③作物によっては、気温上昇により収量が減少する。
④暴風雨、洪水、旱魃、熱波などの極端な気象現象が増え、土地利用や生態系を脅かす。
⑤山岳氷河の融解が進み、そこに集水域をもつ河川に灌漑用水を依存する地域で乾季に水不足が生じ、農業生産に影響する。

これらはいずれもわが国が直接的あるいは間接的に影響を受けると考えられますが、それを正確に把握することは現在のところあまり容易ではなく、さらなる調査研究が必要です。

一方、土地利用の温暖化への影響についてレスター・ブラウンは次の点をあげています。

①二酸化炭素は主に発電、暖房、交通、工業等の人間活動により放出される。
②メタンは主に水田と家畜（ウシ、ヒツジ、ヤギなどの反芻動物）から放出される。
③一酸化二窒素は窒素肥料の使用により発生する。
④森林伐採により、炭素が大気中に放出される。
⑤沼沢地の植物の死骸や泥炭中の有機物の嫌気性分解でメタンが放出される。
⑥永久凍土の融解により、メタンガスが大気中に放出される。

したがって、都市化の進展と農業の発展は、全体として温暖化ガスの大気中への放出を増やす傾向がみられます。そこで、全体としてどのように土地利用を導くことが持続可能性の向上に役立つかを見極める必要がありますが、それはあまり容易なことではありません。

（5）持続可能な土地利用に向けて

人類は人間圏を急速に拡大し、また高密度化してきましたが、陸域の限られた広さと所与の自然条件の下でそれを永遠に続けることはできません。実際、食糧生産の主な場である農地の拡大は、世界的に非常に困難になっています。それどころか、灌漑用水の不足や無理な土地利用による土地の劣化などにより、農業を続けることができない農地が世界各地で増加しています(4)。もちろん土地は農業以外にも宅地や森林、環境保全など多くの役割をもっており、農地のみを優先して土地利用を決めることはできません。

そのような状況のなか、筆者らは日本を含むアジアモンスーン地域の持続可能な土地利用を追究するための予備的な研究「アジアにおける持続可能な土地利用の形成に向けて」を２００９（平成21）年度～２０１３（平成25）年度に実施しました。そのなかで、長期的な土地利用変化の実態とメカニズムおよび関連する諸問題を正確かつ広域的に把握すべく、土地利用図、衛星画像、ＧＰＳ搭載カメラ等を駆使した広域調査を行い、新旧地図類・統計等のデータベース化や、地理的土地利用情報ベースの開発・分析を行ってきました。

その結果、人口の増大、社会・経済の急激な変化、地球環境問題の深刻化、大規模自然災害の増大などにより、土地資源の有限性にかかわる問題が日本を含むアジア各地で深刻化しつつある実態の一端を明らかにすることができました[5]。しかし同時に、それらの問題に対する社会の関心と認識はまだ低く、データ整備や関連する研究も遅れていることが痛感されました。また、地球温暖化に関する研究者の大半がいわゆる理工系で、人文社会科学的側面からの研究が遅れており、土地利用変化に関して不正確ないし誤った論も少なくないようです。

アジアの持続可能な土地利用の形成に向けて、今後も土地利用・災害にかかわる地球情報基盤の整備、実態把握と問題解決のための分野横断的研究の推進、持続可能で安全な土地利用に向けた政策の推進や教育の充実にしっかりと取り組む必要があります。また地球上の土地の有限性とそれぞれの土地利用のもつ役割を適切に把握し、各地域の社会経済的諸事情や土地条件にも十分配慮しながら、計画してゆく必要があります。そのためには、国や身近な地域とともに世界にも目を向け、世界‐国‐身近な地域をマルチスケールで見る目をもつことが肝要です。また地球温暖化に伴う海水位の上昇などの、自然環境の変化にも注意を払いながら、災害が起こりにくい土地利用を目指す必要があります。東日本大震災から得た教訓も、世界の持続可能な土地利用の形成に活かすことが望まれます。

4.2

持続可能な水管理をいかに実現するのか？

沖 大幹
OKI Taikan

【論 点】

太陽エネルギーを駆動力とし、水は地球表層をめぐり続けていて、その循環のほんの一部を人類は利用して、また自然の水循環に返しています。しかしながら利用可能な水資源量には時間（季節）的な変動、空間（地理）的な不均一性が大きく、一方で利用可能な水資源量にあわせて人類が生活・居住しているわけではないため、水需給がひっ迫したり足りなくなったりする時期や場所が生じてしまいます。

そのため、人類は水の流れを制御して、比較的豊富な時期に水を貯留しておいて水が必要な時期に利用したり、水路を通じて必要な地域に水を工面したりするといった営みを有史以来続けてきました。ですから、私たちが使いたいだけ水を使えたり使えなかったりするのは、気候が湿潤か乾燥かというよりは、水を適切に管理する施設や仕組みが整備されていて、きちんと運用されているかどうかの問題です。

また、一見適正に管理され、水に関して何の問題もなく感じられる日本のような社会でも、今後ある程度は進行してしまう見込みの気候変動によって雨の降り方、水の循環が変化し、現状の水循環に適応している、あるいは適応しようとしている水管理が通用しなくなると懸念されます。一方で、人口動態や生活スタイルの変化などの社会変化に伴って水需要が増減するため、今後さらなる水需給のひっ迫が懸念される時期や場所もあります。

さらには、たとえ気候も社会も変化しないとしても、水管理施設の老朽化によって現状の水資源供給の安全度は下がり、水害に対しても脆弱になってしまうおそれがあります。

そのため、持続可能な水管理の実現には、気候や社会の長期的な変化を見据えつつ私たちの安全で安心な水供給を支えてくれている施設を適切に維持更新し、状況の変化に応じて制度や組織を柔軟に適応させていく必要があります。

（1）地球の水は足りているか？

２０１５年時点で181の国や地域では基本的な飲料水サービスの普及率が75％を超えているとはいえ、21億人がいまだに安全に管理された飲み水（必要な時に自宅で使用できる汚染されていない水）を利用できず、８億４４００万人は自宅から往復30分以内の保護された水源から水を得ることができず、なかでも１億５９００万人はいまだに川や湖から汲んだ水を飲んでおり、その58％はサハラ以南のアフリカに住む人たちだ[1]、と聞くと地球の水資源は枯渇しつつあって、乾燥したアフリカの大地の人々からその被害を受けつつあるのか、と思うかもしれません。

また、ダボス会議で知られる世界経済フォーラムは「潜在的な影響が最も大きいと懸念されるグローバルリスクは水危機」だと２０１５年1月に発表しています[2]。この報告書でいう水危機とは「人間健康や経済活動への有害な影響をもたらす水の量的あるいは質的な利用可能性の重大な減少」を指しています。その後、２０１６年版や２０１７年版でも「気候変動対策の失敗」ならびに「大量破壊兵器」についで3番目、２０１８年度版ではそれらに加えて「自然災害」や「極端な気象」についで5番目のグローバルリスクとして「水危機」が位置づけられています。

一方で、20世紀初頭からの国際的な統計では、自然災害による死者の半数が旱魃によるものであり、影響人口の半数が洪水関連で、経済被害のほぼ3分の1ずつが地震、洪水、暴風害となっています。日本では自然災害というと地震に注意が向きがちですが、世界的には旱魃、洪水、暴風雨など水関連が主要であり、内外の自然災害リスク認知の大きな違いを認識する必要があります。

では、利用可能な地球上の水はどんどん減り続けていて、やがて水資源は枯渇してしまうのでしょうか。

そんなことはありません。水は天下のまわりものです。使ったらその分使えなくなってしまう化石燃料とは違い、40億年もの昔から地球の表層付近を循環していて、数十万年といった人類の時間スケールではその総量はほとんど変わらないと考えられています。図1[3]は地球上の水循環の模式図ですが、毎年大陸から海洋へ流出する淡水4万5500㎦のうち、約4千㎦程度を人類は取水して利用しているにすぎません。

だとしたら、そんな「水の惑星」と呼ばれる地球上で、どうして水が足りなくなったりするのでしょうか。

日本は水に恵まれた国だ、と思っていらっしゃる方が多いと思いますが、じつは、人口が集中した関東臨海部などの地域では、自然状態で利用可能な水の量は1人あたり年間400㎥足らずと、食料生産も含めて1年間に必要だとされる水資源量1000～1700㎥には、はるかに及びません。これは、自然の水循環が支えきれる人口を超えて人々が都市に集中してしまった結果です。

それなのに、なぜ東京や神奈川、千葉などで普段特に渇水を気にしなくても生活できるのでしょうか。それは、利根川や多摩川、相模川で大規模な水資源開発をしてくれた先人の努力の賜物なのです。

ダム貯水池や河口堰などの水資源施設の建造の際には、そこに住んでいた方々の居住や生活、あるいは生態系などへの深刻な影響が伴うことも多いのですが、そういう犠牲のうえに、水で困らない私たちの今の暮らしが成り立っているのです。

今ある水資源施設がもしなかったとしたら、関東臨海部だけではなく、中部や近畿圏

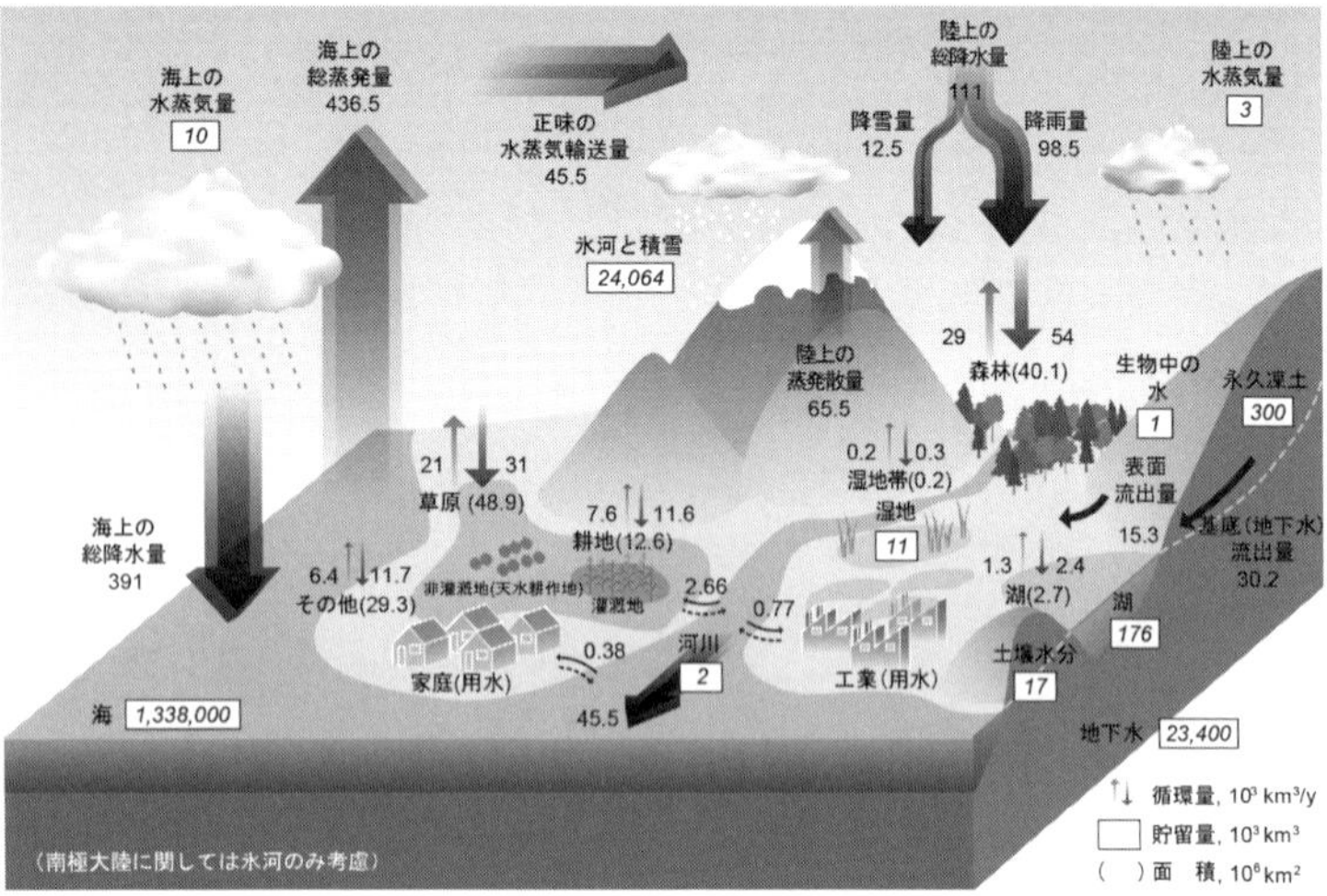

図1　地球上の水文循環量（1,000 km^3/year）と貯留量（1,000 km^3）

自然の循環と人工的な循環をさまざまなデータソースから統合した．大きな矢印は陸上と海洋上における年総降水量と年総蒸発散量（km^3/year）を示し，陸上の総降水量や総蒸発散量には小さな矢印で主要な土地利用ごとに示した年降水量や年蒸発散量を含む．( )は主要な土地利用の陸上の総面積(百万 km^2)を示す．河川流出量の約 10% と推定されている地下水から海洋への直接流出量は河川流出量に含まれている． Oki and Kanae (2006)[(3)] を和訳した．

の人口密集地域でも、夏や冬にしばらく雨が降らなかったら、水不足を毎年のように気にしなければならない事態に陥っていたことでしょう。近畿圏で渇水を気にせずに済んでいるのは、琵琶湖から瀬田川への出口に堰を設けて水位を人工的に管理できるようにし、文字通り琵琶湖を水瓶、貯水池として利用できるようにしているからです。

一方で、福岡市や那覇市は大河川が近隣になく、そうした大規模な貯水池を設けることができないという悪条件にもかかわらず人口が集中しました。その結果、つい最近まで毎年のように渇水の危険にさらされていました。

那覇市では沖縄本島北部のダム貯水池群を導水管で連結して可能な限り有効に貯水できるように工夫するとともに、１９９７年には日量４万㎥の造水能力を持つ海水淡水化施設を導入しました。その結果、20世紀のうちは毎年のように渇水に見舞われ、水道の給水制限も頻発していたところ、近年では深刻な渇水には見舞われなくなりました。

福岡市では、節水機器や節水意識の普及に加えてやはり日量５万㎥の造水能力を持つ海水淡水化施設が２００５年に竣工し、さらに北九州市との間で水を融通するパイプラインも完成し、深刻な渇水の危険性は大幅に減りました。

このように、たとえ日本のように雨が多い地域であっても、人口密度が高ければ水は足りなくなるのです。さらに、水資源は地域による偏りに加えて、季節的な変動、あるいは年による変動も大きいのです。貯水池は水資源が豊富な時期に水を蓄えて、水が足りなくなる時期に利用できるようにする、といったように水資源の時間的な変動を平準化する役割を持っているというわけなのです。

大規模なダム貯水池が建造されるようになったのは近代以降のことですが、溜め池を作って水を蓄える営みは古来行われていて、たとえば日本では香川県の満濃池が大寶年間、西暦700年頃に建造されたと伝えられています。

安全な水を安定して利用するためには、そうした水を貯える施設とともに、必要に応じて水を消毒する仕組みや、適切な場所まで運んで配る水路等が整備され、維持されていることが不可欠です。そもそも、地球上には人間の需要を満たすのに十分な水資源が存在しますが、時間（季節）的・空間（地理）的に偏在しているため、安定して利用可能とする水管理施設が十分に整備されていないと自然の気候の変動による極端な渇水時に水が不足する事態が生じるのです(3)。

日本が水に恵まれている、としても、それは雨が多いからではなく、このように社会基盤やしくみ（水に関する社会基盤施設、インフラストラクチャーという意味で、「水インフラ」と呼ばれる）がきちんと整備され運用されているからなのです。経済的に発展途上であったり、内乱などで国の体制が整っていなかったりすると、水インフラが不充分となり、安全な水を安定して供給することができず、水問題で困ることになります。水問題は乾燥した気候の問題ではなく、社会の問題なのです[4]。

（2）世界の水は足りているか？

社会の問題であるからこそ水問題は地域の事情に合わせた水インフラの整備によって解決できると国際社会は考えています。

水問題と聞いて、まず頭に浮かぶのは飲み水の問題でしょう。ヒトは水なしでは3日間と生きていられません。

統計資料によって値はさまざまですが、年間約36万人の乳幼児（5歳未満の子ども）が、安全な飲み水や手洗いのための水がないために死亡しているとされています[1]。これは約90秒に1人の乳幼児が亡くなっているという計算になります。まさに安全な水は命の水なのです。

日本では水道普及率が約98％に近付き、毎日の水汲み労働で生活時間が失われるということもほとんどなくなりました。しかし、水道が未整備な途上国を中心とした国や地域では、命をつなぐために毎日欠かさず水汲みをする必要があります。

安全な水を得るためのそうした水汲み労働は、女性や本来就学すべき児童の役割になっていることが多く、女性の社会進出や児童の教育、能力育成の妨げとなっているため、水問題はジェンダーや子どもが教育を受ける権利の問題にもつながっているのです。また、水汲みの往来途上に襲われる、といった危険にも常にさらされています。

水汲み労働は命をつないで生き永らえるのに不可欠ですが、それが何かを生み出すわけではありません。つまり、水インフラが未整備なために毎日水汲みに時間を取られ、そのために女性の就労機会や子どもの就学機会が奪われて経済発展の芽を摘み、低い開発レベルに留まってしまう、という負の連鎖が生じているのです。

日本は水と衛生分野の政府開発援助でほぼ毎年世界1位の資金・技術提供を行っています。安全な水へのアクセスを増やすことによってこの負の連鎖を逆転させるのがその主要な目的のひとつです。つまり、水汲み労働が減ることによって、子どもの就学機会が増え、より高度な職につけるようになり、あるいは女性が生産的な活動に従事することができるようになって経済発展が進み、社会開発が進んで水インフラへの投資もできるようになって、さらに経済発展につながる、という好循環への転換です。

安全な水へのアクセスを確保する水インフラの整備は、水が足りないために生きるか死ぬかぎりぎりの生活を余儀なくされている社会が、より人間らしく豊かに生きることができるようにするいわば「呼び水」の役割を果たすというわけなのです。

（3）何にどのくらい水を使っているのか？

「命の水」、飲み水は生きるために不可欠です。しかし、飲み水さえあれば良い、というわけではありません。

たとえば、普段の暮らしにも水が不可欠です。飲み水ならば1人1日2～3リットルあれば十分なところ、日本では全国平均で毎日1人あたり300リットル弱の水道水が利用されています。生活用水の主な用途はトイレ（28％）、風呂（24％）、炊事（23％）、洗濯（16％）、その他が洗面などとなっています。トイレは便器を洗ってさらに排出物・排泄物を流し去るため、風呂は頭や体を洗うため、炊事は野菜や果物などの食材、まな板や鍋や包丁などの台所用具や皿やお箸、そしてスプーンやフォークなどの食器を洗うため、洗濯は服やタオル等を洗うためです。歯磨きは歯の洗浄、洗顔は顔を洗うわけですし、考えてみると、水を飲むのも、体温調節以外の主要な目的は体内の老廃物を汗や尿と一緒に排出するためです。

つまり、生活用水というのはほぼ全部「洗う」ためなのです。何のために洗うかというと、身の回りを清潔にして健康で文化的な生活を送るためです。今の日本の快適な暮らしは安全で安価な水道水をふんだんに利用することが可能だからこそ成り立っているのです。動物としてのヒトが生き永らえるのに必要な水は1日2～3リットル。その100倍もの水を私たちは健康で文化的な生活を送るために毎日利用しているのです。単に死なないためではなく、人が尊厳をもって生きるためには水が必要なのです。

（4）食料の輸入は仮想的な水の輸入

直接使っているわけではありませんが、私たちが普段食べている食料の生産にも大量の水が必要です。食材によってさまざまですが、ざっと平均すると、1キロカロリーの食品の生産に約1リットルの水が使用されている計算になります。私たちは1日約2千〜3千キロカロリー分の食事をしていますから、毎日食べる食料の生産には約2千〜3千リットル、生活用水の10倍、飲む水の1000倍もの水が使われているということになります(5)。

このように、私たちの暮らしには毎日大量の水が必要なため、清浄なばかりではなく、低廉な価格で豊富に供給される必要があります。

農業用水は特に大量に必要なため、重力を利用して効率的に輸送できる場合を除き、普通のモノと同じように需要地へ運ぶのは経済的に成り立ちません。そのため、水不足の地域に水を運んで農作物を生産するのではなく、水を比較的豊富に利用可能な地域で生産された農作物が輸送されるのが一般的です。すなわち、水資源需給への影響という観点からは実質的にはその生産に必要な水の輸入のようなものだという意味で、農作物の貿易は仮想水（バーチャルウォーター）貿易と呼ばれます[5]。

本来は、中東のような産油国で、経済力はあるけれど水資源は不十分な国が大量の食料などを輸入して自国の水不足を補っている状況を水資源の観点から説明するのに生み出されたバーチャルウォーター貿易という概念ですが、近年では農産物や工業製品を作るのに必要な水をバーチャルウォーターと呼んだり、そうしたモノの交易を通じて水資源への悪影響を逆輸出しているようなものだ、という観点からウォーターフットプリントという呼び名で水資源への影響のアセスメントがなされたりもしています[6]。

そういう意味では、水に乏しくとも経済力さえあれば水需要の大半を占める食料生産に必要な水資源は仮想水輸入で賄えますし、逆に、貧しくとも、水さえあれば食料生産は可能でなんとか社会が成り立つと推察されます。実際、1人あたりのＧＤＰ（国内総生産）が低く貧しくて、1人あたりの水資源量も少ない国は存在しないことが明らかとなっています[7]。

さて、日本のカロリーベースの食料自給率は現在約40％です。毎日摂取しているカロリーの60％は海外からの輸入に頼っているのです。つまり、その分、海外の水に頼っているというわけです。

輸出国の方が水資源あたりの食料生産性は通常良いので、日本で食料生産をしたとする場合よりは実際に使用された水の量は少ないと推計されますし、作物が利用する水のほとんどは雨水なので[8]、環境への影響は限定的な場合も多いのですが、それでも国内と同程度の水資源を日本は海外に依存しているのです。良くも悪くもグローバル化した現在、世界の水は国際的な食料の貿易を通じてつながっているのです。

（5）水とミレニアム開発目標、持続可能な開発目標

国際連合で２０００年に「ミレニアム宣言」が採択されました。そのなかには、「２０１５年までに、（１９９０年に比べて）１日１ドル未満の収入しかない世界の人々の人口割合、飢えに苦しむ人々の割合を半減するとともに、同じく２０１５年までに、安全な飲み水にアクセスできない人口割合を半減する」という記述がありました。

このミレニアム宣言を整理して国際的な開発目標としてまとめたのがミレニアム開発目標（MDGs）で、目標７（環境）の下の７・Ｃに水に関するミレニアム宣言の文言がターゲットとして掲げられました。１９７１～８０年の第２次国連開発の十年より半世紀近くにわたってさまざまな国際的開発目標が掲げられてきましたが、世界人口が約53億人だった１９９０年に約13億人と推計されていた安全な飲み水へのアクセスがない人口割合（約24％）は、人口が約68億人に

も増えた２０１０年には８億人足らずに減少し、ターゲット７・Ｃは史上初めて、しかも目標年であった２０１５年を待たず２０１０年に達成されました。

途上国自身が先進国と一体となって水問題の解決に協調して努力したばかりではなく、この間の目覚ましい経済成長に伴う中国都市部、インド農村部における改良された水源へのアクセス率の向上がこの目標達成に大きく貢献していると考えられます(9)。

一方で、持続可能な開発目標（SDGs）は２０１５年９月の「国連持続可能な開発サミット」で採択された「持続可能な開発のための２０３０アジェンダ」（２０３０アジェンダ）の中核をなす21世紀における世界の大義名分です。途上国への開発援助に重点が置かれていたMDGsに対し、２０３０アジェンダでは先進国の国内格差も視野に置き、誰一人取り残さず「我々がそうであって欲しいと願う未来」を実現するために必要な目標がSDGsとして列挙されています。

水と衛生に関する目標はSDG6で、その冒頭にMDGsの飲料水目標をさらに推し進めようとする「２０３０年までに、すべての人々の、安全で安価な飲料水の普遍的かつ衡平なアクセスを達成する」というターゲット６・１が置かれています。「安全で安価」や「普遍的かつ衡平なアクセス」という術語の定義次第ではありますが、残り10年余りで「すべての人々」に対してこの目標を達成するのは容易ではありません。サービスを提供するための追加的コストが残り僅かになればなるほど飛躍的に増大するなど、水に限らず取り残されているのには理由があるからです。

このように、SDGsはMDGsに比べるときわめて理想主義的で「誰一人文句が言えない」内容であり、野心的な目標設定となっています。２０３０アジェンダと同じく２０１５年に採択された気候変動対策の国際的な目標を定めた「パリ協定」も現状の延長線上ではなかなか達成が困難な目標をやはり掲げており、２０１５年にはそうした野心的な主張が現実路線を凌駕する国際社会の雰囲気が醸し出されていたのかもしれません。

たとえ実現可能性が低くとも究極の方向を示す意義が目標にはあり、実現可能性の高低は問わないのだ、という解釈や、SDGsは目標（goal/target）というよりは大志としての夢（aspiration）だ、といった説明もしばしば聞かれます。実際には、２０３０アジェンダの合意を急ぐあまり、「半減目標を掲げるということは、残りの半分の人たちは放っておいても良いと最初から見放しているようなものではないか」といった反論に抗することなく、誰も反論できない理想的な目標に落ち着いたということかもしれません。しかしながら、２０３０アジェンダが２０１２年の国連持続可能な開発会議、いわゆる「リオ＋20」で採択された報告書“The Future We Want”（我々の求める未来）が元となっていることを考えると、問題が顕在化するたびに解決のための行動を起こす、という場当たり的な対応ではなく、本来あるべき社会の姿を設定し、それに向けて今やるべきことをやっていこう、という俯瞰的なアプローチには、実現可能な目標よりはむしろ理想像がふさわしいということなのだと思われます。

（6）水の持続可能性の構築へ向けて

では、私たちが世界の水問題の解決に向けてできることは何でしょうか。行動力と資金のある方なら水で困っている地域に出かけて井戸を掘るなどの直接的な貢献も可能かもしれませんが、それはごく限られた方だけでしょう。

とりあえずできることとして節水しよう、という方は多いかもしれません。しかし、日本で節水しても、水が足りなくて困っている海外の国や地域で水が使えるようになるわけではありません。しかも、そうした水で困っている地域は、たいていの場合、誰かが水を使いすぎているから水が使えないのではなくて、水インフラが未整備なのでもっと水を使いたいのに必要なだけ安全な水を使うことができないことが問題なのです。

そういう意味では、どんな省エネも多少は温室効果ガスの排出の削減に寄与できる、と思える地球温暖化問題への取り組みと、水問題への取り組みとは少し違います。

自分で行動できなくとも、世界の水問題解決に取り組んでいる政府開発援助やしっかりとしたＮＧＯの活動を支援する、といった形での貢献は可能です。最近では、特定の商品を買ったら、その売り上げの一部を世界の水問題解決に向けた活動に寄付する、というキャンペーンも行われています。

消費者としての私たちの最大の力は購買力ですから、水だけではなく、生態系や大気環境、あるいは人権などに配慮した企業の製品を選んで買うようにする、という行動選択がよりよい世界の形成に最終的にはつながります。

また、一見水に恵まれているように思える日本も、充実した水インフラがなければ人口が集中した都市部の水供給を十分にまかなうことはできません。引き続き豊かな水生活を続けるためには現在の水インフラを適切に維持管理していくことが不可欠です。維持管理はつい後回しになりがちですが、重要な交通インフラである中央自動車道・笹子トンネルで２０１２年暮れに発生した天井板崩落事故の例をみてもわかる通り、維持管理が不十分だと悲惨な事態を引き起こします。人口が徐々に減るなか、どうやって適正規模の水インフラを保ち、子孫に引き継いでいくのか、私たちの今後の取り組みにかかっています。

持続可能な水管理の実現には、気候や社会の長期的な変化を見据えつつ私たちの安全で安心な水供給を支えてくれている施設を適切に維持更新し、状況の変化に応じて制度や組織を柔軟に適応させていく必要があるでしょう。

4.3 土壌と食料の将来は？

宮﨑　毅
MIYAZAKI Tsuyoshi

【論　点】

明治元（1868）年に生まれた文豪徳富蘆花《とくとみろか》（本名徳富健次郎）は、エッセイ「みみずのたはこと」のなかで、次のように述べています。人間は〝土の上に生まれ、土の生むものを食うて生き、而して死んで土になる。我儕《われら》は畢竟《ひっきょう》土の化物である〟と。このことを日本の土壌学者に伝えたのは、現在の国際土壌科学会会長ラッテン・ラル氏です。徳富蘆花に言わせれば、我々人間は土壌の分身です。誠にその通りではありませんか？　その土壌が、人間活動のせいで劣化の一途をたどっている、としたら、それは単に土壌の危機にとどまらず、食料生産の危機、人間の存在危機にまでかかわってきます。

いま、世界では健康な土壌を守ろう、というソイルヘルスの議論が急速に巻き起こり、研究者だけでなく、農業生産者にも土壌の危機意識が高まっています。アメリカでは農家主導の協働連携ソイルヘルス・パートナーシップが広がりつつあります。具体的には、土壌の有機物含有量を増やし、カバークロップ（土壌被覆作物）を計画的に植えて土壌侵食を減らし、土壌団粒《だんりゅう》を破壊する過剰な耕起を抑制しようという動きです。

一方、日本でも東日本大震災時の津波による塩水被害や放射能汚染災害などで、土壌が深刻なダメージを受け、そうした土地での一刻も早い復興が求められています。築地市場の豊洲移転問題では、土壌汚染が未だ問題の尾を引いていて、根本的な解決を求めています。日本でも、健康な土壌を守る努力が必要です。

要は、現在の世界と日本の土壌の健康状態を知り、問題があればその解決に尽力し、未来に負の遺産を残さないことが大切です。そうでなくては、100億人を突破するであろう地球人口を養い、持続可能な社会を実現することは困難です。土壌はどこでなぜ、どのように劣化しているのか、どうすれば土壌を救い、ひいては人間社会の持続性を守れるのか、そのような論点を展開します。

（1）地球上にはなぜ8億人もの飢餓人口がいるのか？

２０１７年現在、地球上には約76億人が生きていますが[1]、そのうち約8億人の人々が飢餓に苦しんでいるのはなぜでしょう？　食料を生産する耕地面積が不足しているのでしょうか？

２０１４年の世界人口は約73億人、耕地面積は約14億haありますから、人口１人あたりの耕地面積は１９００㎡です[2]。鎖国をしていた日本の江戸時代（１８５０年頃）では、人口１人あたりの耕地面積が約１０００㎡、食料自給率はほぼ100％だったことを考えると、現在１人あたり１９００㎡の耕地面積は必ずしも少ないとはいえません。

別の視点から考えるため、世界人口と食料生産量との関係もみてみましょう。現在の世界人口約76億人を養うには、年間穀物量約14億トンを必要としていますが、国際連合食糧農業機関（ＦＡＯ）によると２０１５年現在で年間約25億トンの穀物が生産されています[3]。つまり、必要量の1.9倍に達しており、総量としては充分な食料があるわけです。

耕地面積も充分、穀物生産量も充分とすると、なぜ世界に8億人もの飢餓人口がおり、１年間に１５００万人以上もの餓死者が出るのでしょうか？　その理由は以下に示すように、多岐にわたり複雑です。

・穀物の4割は直接人間の食料として消費されるが、残りの6割は家畜飼料用であり、家畜から生産される肉食は先進国での消費に偏っている。したがって穀物全体の消費量も先進国での消費に大きく傾く結果となっている。
・地球全体で毎年13億トンもの食品が廃棄されている。とくに、先進国での残飯廃棄量が多く、日本でも毎年2000万トンの食品が廃棄されている(4)。
・国や地域によって、政治的・社会的・経済的条件が食料の公平で適正な配分を阻害している。
・世界の富裕層上位8人がもつ富と全人口の約半分36億人の貧困層がもつ富は同額だといわれるような貧富の差がある(5)。

こうして、地球全体では耕地面積と食料生産量の総量は足りているものの、必要な所まで食料が届かず、8億人もの飢餓人口を生み出すという深刻な問題が現存していることがわかります。

一方、食料自給率が40％を下回る日本の耕地面積は不足していないのでしょうか？　2017年現在の日本人口は約1億2700万人（総務省統計局発表による）、耕地面積は約450億㎡（農林水産省発表による）なので、1人あたりの耕地面積は350㎡に過ぎず、先に述べた江戸時代の1人あたり耕地面積1000㎡の2.9分の1しかありません。ところが、江戸時代と現在の農業生産技術レベルの差を水田の反収（10ａあたりのkg単位収穫量）をみると、江戸時代では200kg、現在では600kg弱であり、現在はちょうど2.9倍ぐらいの生産量（反収）があります。つまり、現在の日本の1人あたり耕地面積は江戸時代の約2.9分の1に減ったが、農業生産技術レベルが約2.9倍に増えたので、今でも食料自給率100％を実現できてもおかしくはないのです。

では、なぜ日本の食料自給率が40％以下にとどまっているのでしょうか？　それは、食品の多様化によるものです。現在の日本人は、米以外の多くの食材や飼料作物を必要とし、その多くを海外からの輸入に頼っています。つまり、食料の供給不足による自給率低下というよりは、食品の需要増大による自給率低下といえます。したがって、食料自給率を劇的に上昇させるには、多様な食品需要に対応した食材供給力を高める必要がありますが、その場合には海外の食材との価格競争に勝たねばならず、このことは容易に克服できない障壁となっています。

日本の食料自給率が39％、40％あたりにとどまっているのは、耕作面積の不足が原因なのではなく、消費者を中心とする食品需要の多様化に起因するのです。

（2）農耕地に忍び寄る危機 ── 土壌劣化

世界と日本の耕地面積は足りていることがわかりました。しかし、その耕地においてある危機が迫っています。それは、土壌劣化と呼ばれる危機です。土壌劣化とは、人間の行為が原因となって生じた、土壌侵食、土壌有機炭素の損失、養分不均衡、土壌酸性化、土壌汚染、湛水、土壌圧縮、土壌被覆、塩類集積、および土壌生物多様性の減少という10項目をいいます。

図1は国連環境計画（UNEP）が1997年に公表した世界の土壌劣化アトラス（地図帳）です[6]。この土壌劣化調査は、農耕地だけでなく、森林や都市などすべての陸域を対象としたものであり、世界の20億haの土地で人間の行為が原因となる「激しい土壌劣化」が生じていることが報告されました。その広さはアメリカ合衆国（9.8億ha）とカナダ（10億ha）の和にほぼ等しいです。

2011年11月28日、土壌劣化の新しい報告書を発表した国連食糧農業機関（FAO）のディウフ事務局長は、「人類はもうこれ以上、必要不可欠な資源をあたかも無尽蔵であるかのように扱うことはできない」と述べました。

こうした事態を危機ととらえた国連は、2013年12月20日、第68回総会において2015年を国際土壌年とすることを決議しました[7]。その決議文で強調したのは「優良な土壌管理を含めた土地管理がとくに経済成長、生物多様性、持続可能な農業と食糧の安全保障、貧困撲滅、女性の地位向上、気候変動への対応および水利用の改善への貢献を含む経済的および社会的な

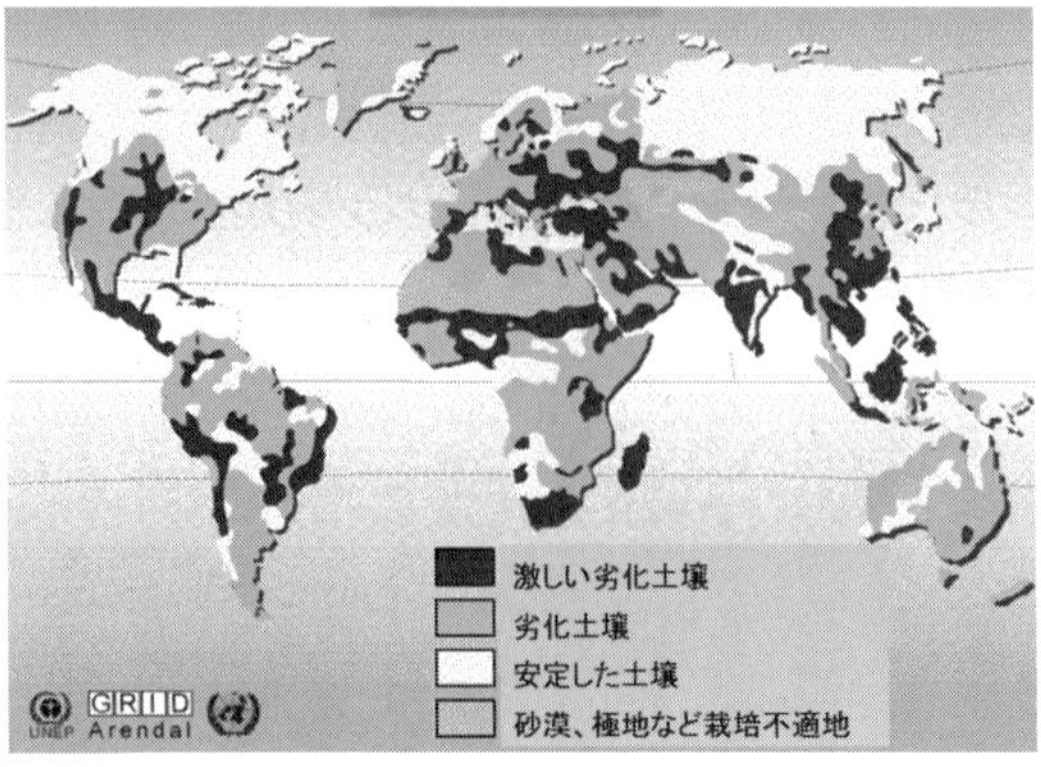

図1　世界の土壌劣化[6]

重要性を認識」(7)することでした。この決議文は、土壌の重要性が、単に農業生産のためだけでなく、人間の尊厳においても、また、社会全体においても、多面的に認められることを明言し、同時に、深刻な土壌劣化の防止を呼び掛けるものでした。

いったい何故、これほどに深刻な土壌劣化が進行しているのでしょう？　土壌が文明を発展させ、人間による土壌劣化がその文明を滅ぼした苦い経験は、1955年出版の名著『土と文明』(8)の著者カーターとデールによって明快に記述されました。ここには、ナイル川流域、メソポタミア、インダス川流域などで発展した文明が、人間による土壌劣化のせいで衰退や滅亡に至った経緯が克明に記述されています。たとえば、チグリス川とユーフラテス川の肥沃な流域と流水の恵みによって、約6000年前からおよそ2000年間にわたって文明が栄えたメソポタミア（現在のイラクのあたり）は、「森林伐採と過放牧によって、食料供給のメカニズムが破壊され、これが再三再四メソポタミアの没落の要因になった」と記されています。両著者は、問題を俯瞰的にとらえて、「文明は、それらが培われたと同じ地理的環境で衰微した。というのは、主として文明人自身がその文明の発達に寄与した環境を収奪し、荒廃させたからである。」と主張しました。

2010年、D・モントゴメリーは、その著書『土の文明史』(9)において、「おおまかに言って、多くの文明の歴史は共通の筋をたどっている。最初、肥沃な谷床での農業によって人口が増え、それがある点に達すると傾斜地での耕作に頼るようになる。植物が切り払われ、継続的に耕起することでむき出しの土壌が雨と流水にさらされるようになると、続いて地質学的な意味では急速な斜面の土壌侵食が起きる。その後の数世紀で農業はますます集約化し、そのために養分不足や土壌の喪失が発生すると、収量が低下したり新しい土地が手に入らなくなって、地域の住民を圧迫する。やがて土壌劣化によって、農業生産力が急増する人口を支えるには不十分となり、文明自体が破綻へと向かう。（中略）土壌侵食が土壌形成を上回る速度で進むと、その繁栄の基礎―すなわち土壌―を保全できなかった文明は寿命を縮めるのだ。」と総括しています。

では、先進国であり、温帯モンスーンという比較的に恵まれた自然環境のなかにある日本の土壌と文明は大丈夫でしょうか？　１９９０年、小山雄生は、その著書『土の危機』[10]の裏表紙で、「土は、生命の源であり、農業にとって欠かすことのできない重要な要素である。その土が、いままさに破壊されようとしている。（中略）わが国でも、都市化により農地は減り、残された耕地も、化学肥料の多投などが原因となって、土地が痩せ、そのため作物に栄養障害が頻発している。さらに、有害な重金属の汚染、降り注ぐ酸性雨、放射能汚染、土壌流失などが、土を脅かしている。すでに土は病んでいる。いますぐにも適切な手当てをほどこし、土づくりに積極的に取り組まなくては、取り返しのつかない事態を招くことにもなりかねない。土の価値を見直し、土の生命力を回復する努力が、いま、切実に求められている。」と警告していました。

ここで、筆者の研究事例を紹介します。関東地方のある県から、「沖積地に広がるネギ畑で、最近、排水不良区画が増えたが、その理由と対策を知りたい」という要望を受けました。現地調査を繰り返して判明したことは、確かに同じ降雨でも排水不良で地表面に多くの水がたまる区画と、すべての雨水が土壌に浸透して地表面に水が残らない区画が存在することでした。どこに違いがあるのか、地形か、それとも土壌の物理性の違いか、詳細な分析調査を行いました。驚いたことに、排水不良の区画と排水良好な区画には、土壌分析の結果にも、地形および標高差においても、明確な差異は存在しなかったのです。ただし、土壌の物理性（硬さ、密度、透水性）のばらつき方が違っていました。排水不良の区画では土壌の物理性が非常に均質でしたが、排水良好な区画では土壌の物理性が不均一でした。ここから得た知見は、耕耘《こううん》履歴の違いが排水性の良否に影響したこと、すなわち、過剰な耕耘で畑の土を過度に均一化しすぎた区画において排水不良が発生したことでした[11]。この事例は「日本型土壌劣化」の一つというべき事例です。

　このように、労を惜しまぬ耕起・耕耘という作業が必ずしも良い結果をもたらさないという経験則は、じつは日本の畑だけの問題ではありませんでした。世界では、不耕起栽培、減耕起栽培が見直されています。不耕起栽培は、農地を耕さないで作物栽培する方法で、土壌侵食を防止したり植物根による孔隙構造を発達させるなどのメリットがあるといわれています。また、減耕起栽培は、従来型の耕起の回数や程度を減らすことで、不耕起栽培に準ずる効果を求める方法です。不耕起は、土壌保全に有効であるばかりでなく、大気中の炭素をより多く土壌中に貯留して地球の温暖化を緩和する、とする多数の研究報告があり、さらには、収量や品質においてもメリットがある、とする見解も生じています。「土を耕す」が無条件で美徳と思われていた時代は過去のものになり、現在は、世界各地で不耕起や減耕起の有用性が強く主張されるようになったのも頷けます。

以上、要するに、地球規模で進行している土壌劣化の原因は、文明の発達、農耕地の拡大、農業技術の発展などに代表される人間活動に起因しており、地球温暖化の危機と同じ問題構造を有しています。人間活動による農耕地土壌劣化の危機が忍び寄っているのです。

（3）農耕地に忍び寄る危機――放射性セシウム汚染のその後

２０１１年３月の東京電力福島第一原子力発電所の事故により、福島県を中心とする東北地方、関東地方の土壌は放射性ヨウ素と放射性セシウムで著しく汚染されました。あれから7年以上経過した今日、農耕地に広がった危機はどうなったでしょうか？

放射性ヨウ素は半減期が約８日と短いため、農産物への直接付着の影響を除けばその後の農耕地土壌への影響は小さかったです。半減期が約2年の放射性セシウム134は、５年間で約20％以下に低減しました。しかし半減期が30年の放射性セシウム137は、現在でもなお約90％が残留しています。この放射性セシウム137がどうなっているか、土壌科学研究者たちが情報を集約し報告しています(12)。

ここでは、二つの面を強調しています。一つは土壌中に存在するか肥料として投与されるカリウムが、非常に有効な放射性セシウム137移行抑制効果を発揮していることです。作物は、カリウムを吸収することにより、カリウムと形状が良く似た放射性セシウム137を吸収する必要が低くなります。福島県では、このような移行抑制効果を、農作物の全袋検査で実証しました。その結果、玄米での基準値超えは皆無となり、大豆、そば、牧草、小麦などすべての農作物においても、土壌へのカリウム資材投入が効果を上げ、こうした農地では放射性セシウム137の農作物への移行は基準値以下に抑えることができました。

他の一つは、放射性セシウム137が粘土鉱物に強く吸着されて地表面に留まることの確証が得られたことです。放射性セシウム137には難溶性と可溶性の2種類があり、難溶性はただちに粘土鉱物に吸着されることが知られていましたが、可溶性は水に溶けたイオン状態で地表面から土壌中に移動することが懸念されていました。しかし、上記報告では、可溶性の放射性セシウム137も地表面への降下後ただちに粘土鉱物に強く吸着され、深層や地域外に輸送される懸念は小さいことが確認されました。このことにより、震災直後から行われた物理的除染作業での表層0～5㎝土壌の剥ぎ取りが有効であったことが示されました。さらに、深耕（通常15㎝深さ程度で耕すことに比べ、最大60㎝ほどまで深く耕す方法）・反転耕（地表面近くの土とその下の土とを上下入れ替える耕起法）などにより放射性セシウム137を下層土と混和あるいはその下へ移動した場合でも、放射性セシウム137は粘土鉱物に強く吸着され、作物根から吸収される懸念は小さくなりました。残された懸念は、生物遺体や有機物に付着した放射性セシウム137の行方でした。なぜなら、放射性セシウム137は、生物遺体に取り込まれたままでは粘土鉱物に吸着できず、比較的動きやすい形態を維持してしまうからです。しかし、全体評価の結果、このように動きやすい状態の放射性セシウム137はごくわずかであり、大部分の放射性セシウム137はすでに粘土鉱物に固定されていることがわかりました。

以上要するに、土壌科学の立場から見て、福島県産の農産物の安全性は総体として確立したことが報告されました。ただし、最近の別の報告(13)によると、森林に生息する野生動物の体内に摂取されたセシウム137は、動物の移動とともに思わぬ位置へ輸送されるのですが、この懸念については未だ十分な解明に至っていないことを付記しておきます。

（4）地球温暖化が土壌に及ぼす影響

地球の温暖化が叫ばれて久しいです。人間活動が原因で大気温度が上昇し、その結果、気候や水循環が変動し、南極の氷が溶け、海水面が上昇し、生態系が混乱し、ひいては人間生活の安定性や持続可能性が損なわれる、という危機が予測されています。では、地表面から下の地球そのものの温度はどうなるのでしょう？　大気温度の上昇は地下環境にどんな変化をもたらすのでしょうか。

地球の温暖化の実態を正確に認識することはなかなか難しいです。ＩＰＣＣ第５次報告（２０１４）では、世界気温が１８８０年から２０１２年の間に0.85℃上昇したと事実をもとに、１９５０年から２１００年の150年間に最大4.8℃上昇すると予測しました(14)。日本の気象庁（２０１６）は、直近の100年間で日本の平均気温が1.16℃上昇したことを報告しています(15)。総じて言えることは、今問題となっている地球の温暖化は100年単位でおよそ１～２℃ぐらいの気温上昇です。たとえば地温の10℃上昇を想定することはあまり現実性を持たず、また、１℃以下の上昇を想定することには大きな意味を見いだせません。現実的には、およそ２℃の地温上昇は何をもたらすか、といった具体的な問いが有効でしょう。２０１５年、気候変動枠組条約第21回締結国会議（COP21）において地球温暖化防止のための国際的枠組みであるパリ協定が採択され、ここでは、世界的な平均気温上昇を産業革命以前と比べて２℃より十分低く、できれば1.5℃以下に抑える努力目標を定めました。このパリ協定は２０１６年11月４日に発効しました。今、世界の環境関係者は、地球の平均気温1.5～2.0℃上昇以内に抑制する方向で協議や評価を重ねています。

地温が上昇すると土壌中では生化学反応の変化、化学物質の移動量の変化、植物の発芽や生長の変化、土壌微生物の状態の変化、などが起こります。これら生化学現象や生命活動の変化は、土壌から大気への温室効果ガス放出に影響し、さらなる気候変動の要因となります。

なかでも、地温上昇の影響を最も大きく受けるのは、土壌生態系、とくに微生物活動です。図2に、地温のわずかな上昇が土壌微生物の活性に及ぼすであろう影響の概念図を示します(16)。地温上昇は、土壌微生物活性の増大、植物根量や根分泌物の増加、地上有機物量の増加などを起こし、その結果がさらなる大気中CO_2濃度の上昇をもたらします。ただし、土壌水分の低下による微生物活性の低下や光合成の増大によるCO_2濃度の減少といった逆作用も考慮する必要があります。

土壌微生物の呼吸と植物根の呼吸を合わせた土壌から大気へのCO_2放出を、土壌呼吸といいます。土壌呼吸速度の温度依存性を表す指標としてQ_{10}値を用いることが多いです(16)。土壌呼吸のQ_{10}値とは、温度が10℃上昇したとき、土壌呼吸速度が何倍になるかを示す数値のことをいいます。これは、化学反応における動的平衡に関するファントホッフの法則が別名Q10則（Q10 rule）と呼ばれるところに由来しているようです。

Q10則は、温度10℃の上昇に対し反応速度が2〜3倍に上昇することを理論的に証明していますが、実際の物理化学反応においてもそれ

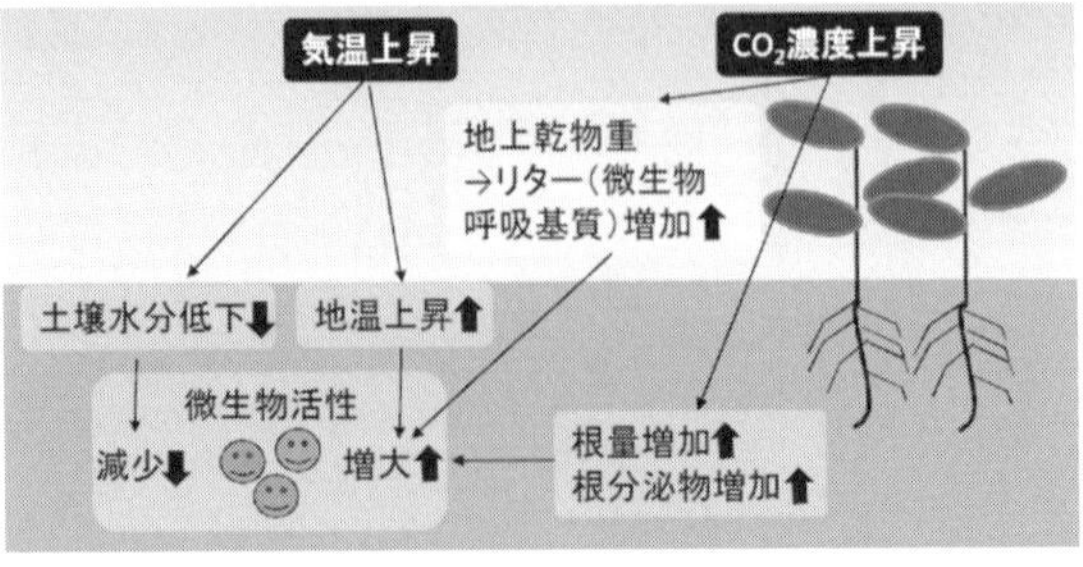

図2　地温のわずかな上昇が土壌微生物の活性に及ぼす影響(16)

に近似する実測値を得ることが多いです。そのため、Q10則は、代謝反応や酵素反応など生化学反応にも拡大適用され、多くの応用分野に普及しました。そこで、土壌呼吸の分野でもこの概念を取り入れ、今日では土壌のQ_{10}値として多用されています。

図2に示したように、土壌中にはさまざまな化学物質と微生物が混在し、植物の生長を左右する生化学反応が、多数同時進行しています。通常、こうした生化学反応は温度上昇に伴い反応速度は高まって「最適温度」に至り、その後速度低下を起こすといった温度依存性を有します。そこで、「最適温度」に達する前の段階で、土壌微生物と植物根による呼吸の総和量の温度依存性をQ_{10}値で表すことができます。このQ_{10}値の実測値は1.3～4.0の間の値を示し[16]、平均値はおよそ2.3であり、Q10則の理論値ともよく一致しています。この値から土壌温度が2℃上昇したときの変化を推定してみると、土壌呼吸速度は20％程度の上昇が見込まれます。すなわち、土壌から大気へのCO_2放出量が2割増となり、大気の温暖化が加速されます。このことから、地温のわずかな上昇は、土壌環境を変化させるだけでなく、大気へのCO_2放出増加によるさらなる温暖化という悪循環を生み出すリスクが大きいと予測されます。

しかし、地温上昇と微生物変化の実態は、まだ研究事例が少なく、今後の新たな研究課題と位置づけられています。

では、地温が上昇すると土壌水分量はどう変化するのでしょうか？　地温上昇は土壌表面からの蒸発を促進し、土壌を乾燥させるので、土壌水分量は減少する、と考えてよいのでしょうか？

　これまでの土壌水分移動に関する科学的な知見によると、地表面の温度上昇は地温勾配を増大させて地下から地表に向かう水分移動を増加させ、大気中では水蒸気総量が増加して降水量も増加し、その結果、地表面の乾燥を抑制する作用が強まると予想されています。つまり、地球全体としては変化を抑制して恒常性を保とうとする傾向があるということです。ただし、ある地域に限定すれば、乾燥化やそれに伴う砂漠化、塩類集積などのリスクが高まるとされています。たとえば、Senevirante (2010)[17]は、2060〜70年代に、1970〜80年代と比較してヨーロッパや南アメリカで夏季の土壌水分量が減少し、とくに中央ヨーロッパでは、蒸発散量の増加が土壌水分量減少の一因となると予測しました。

　地球の温暖化は、人間の行為が原因です。では、温暖化が進むと、耕地と土壌の状態はどう変化し、人類を養い続けることができるのでしょうか。

　その答えは「当分の間、土壌は人類を養うことができる」と言えます。なぜなら、土壌には緩衝能力―環境変動を緩和する能力―と、適応能力―変動した環境に適応する能力―とがあるからです。大気を含む自然環境の変化に対し、土壌はあたかも自律性を有するかのように、その変化を緩和し、元の姿に戻そうとします。土壌のホメオスタシス(恒常性維持)機能と呼んでも良いです。

　問題は、地球温暖化の土壌への影響が、こうした土壌の緩衝能力・適応能力の限界を超えることです。土壌が健康であれば、気候変動に対する土壌の緩衝能力・適合能力を長期的、持続的に発揮することができますが、土壌が劣化するとこうした能力が低下します。土壌の健康状態を向上させることは、地球の気候変動の緩和、気候変動の影響の緩和、という二重の恩恵をもたらします。このことを深く理解して土壌保全に努めることが、人類の課題であると考えています。

（5）安全な食料確保のために必要なこと

安全な食料を持続的に確保するためには、作物生産可能な土地、水、土壌、施設・機械・装置、人間の労働力や流通社会システムなどが必要です。これらを総合した枠組みは、図3のように表すことができます[18]。

持続的食料生産は、各種資源（水資源・土壌資源・生物資源・人工物資源）に依存しますが、その食料生産過程からの排出物は環境を汚染してはなりません。人間社会は、労働や技術を提供しつつ生産物である食料を受け取りますが、その際、人間社会においては世代間の衡平性と地域間の衡平性が保たれねばなりません。こうして成立する持続的な食料生産枠組みは、気候変動に大きく左右されます。図3は、以上の関係を模式的に表したものです。

ここまで、自然資源の一つである土壌の恩恵を受けてきた人間自身が土壌劣化の原因をつくり、現在も土壌劣化は進行中であることを述べてきました。世界の土壌劣化は、アメリカの生物学者ギャレット・ハーディンが発表した〝コモンズ（共有地）の悲劇〟そのものです。誰もが利用可能な共有の土壌について、個々人が自分の利益を最大化させるために農地の過剰造成、過剰灌漑施設、大規模単作農業、過剰施肥、過剰耕耘などを繰り返し、やがて土壌が劣化し、全体としては不利益を受けるという悲劇が進行中です。

　この土壌劣化を食い止めるには、持続可能な土壌管理が必要です。２０１３年の国連決議と２０１５年の国際土壌年指定を受け、国際土壌科学連合ＩＵＳＳが２０１５年から２０２４年までを「国際土壌の10年」と決議して、現在も活動継続中なのは、こうした目標を達成するためです。

　国際エコロジー経済学会創設者の一人であるハーマンデイリーは、社会が物理的に持続可能であるための３条件を提示し、これに同意したメドウス夫妻とラン

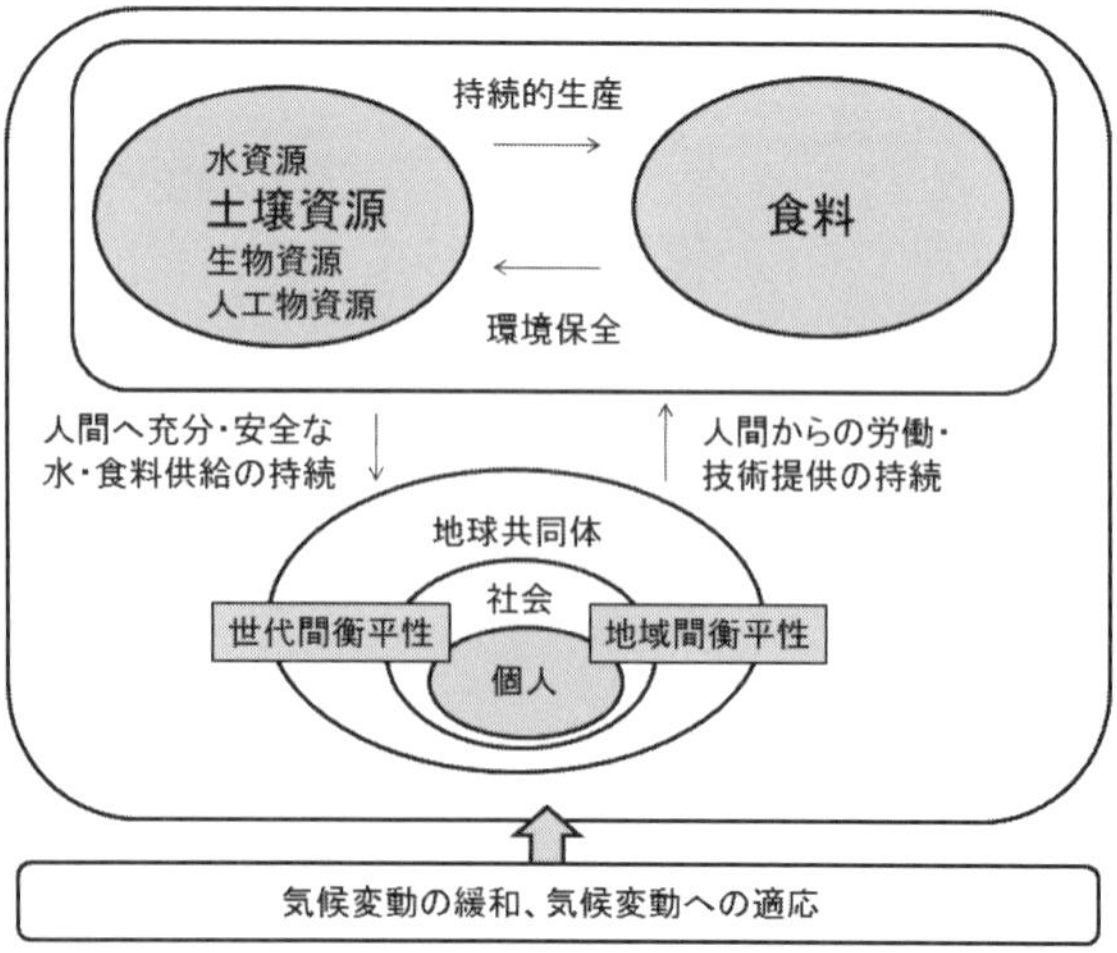

図３　安全な食料確保のために必要なこと[18]

ダースは、著書『限界を超えて』(19) において、その3条件を以下のように記述しました。

①再生可能な資源の消費ペースは、その再生ペースを上回ってはならない。

②再生不可能な資源の消費ペースは、それに代わりうる持続可能な再生可能資源が開発されるペースを上回ってはならない。

③汚染の排出量は、環境の吸収能力を上回ってはならない。

ここにいう再生可能な資源とは、土壌、水、森林、魚などをさし、再生不可能な資源とは、化石燃料、良質鉱石、化石水などをさします。その後、これらの条件は、「ハーマンデイリーの3原則」と呼ばれるようになりました。

ここで、再生可能な資源としての土壌を考えてみます。土壌の消費とは、食料生産など人間に便益をもたらす目的で土壌を利用した結果、前述した土壌劣化が進行して利用不可能な土壌になる事態をさします。土壌の再生とは、喪失または劣化した土壌が修復されて再度利用可能な状態に戻ることをいいます。

こうした土壌の消費と再生については、現在、次のことがわかっています。すなわち、世界の土壌厚さの平均値は約18cmと推定され、1mmの厚さの土壌を再生するためには5～20年を要します。しかるに、たとえば風食による土壌侵食が激しい米国中部の一部農地では、1年間に2mm以上の消失（すなわち消費）が報告されています。これは、ハーマンデイリーの3原則に反しています。どうしても土壌保全対策を講じなければなりません。

私は、地球の未来と安全な食料確保に向けて、土壌科学の立場から以下の4点を強調します。

① 土壌観測ネットワークの形成と国際的な土壌情報の整備及び日本の貢献の強化
② 土壌科学の新展開と土壌教育の充実
③ 土壌保全に関する基本法の制定
④ 土壌の健康を増進するための協働（Partnership）推進

このうち①～③は、筆者も参画した日本学術会議の提言「緩・急環境変動下における土壌科学の基盤整備と研究強化の必要性」（2016）[20]によるものです。④は、アメリカで推進されている農家主導の協働連携 Soil Health Partnership に学んだものです。これは、秋から冬にかけての農地にカバークロップを植える農場主の自主活動であり、土壌侵食防止、有機物貯留増進、土壌構造の改善、雑草抑制、肥培効果、生物多様性保持などの恩恵をもたらすとされています。2017年現在、アイオワ州、イリノイ州、インディアナ州などで100以上の農場が加入し、拡大中です。トウモロコシ促進協会が主導し、モンサント社や各種団体が財政的な援助を行っています。日本では、土壌に関する協働（Partnership）の経験は見当たりませんが、「土づくり」運動など地道な努力の基盤もあるので、日本型協働の立ち上げを期待したいです。前記「③ 土壌保全に関する基本法の制定」提言は、こうした機運の後押しになるでしょう。

5.1

デジタル地図・ＧＩＳの歴史と環境保全・防災への貢献

小口　高
OGUCHI Takashi

【論点】

地図は人間の生活に不可欠で、科学研究でも頻繁に使われます。古来より地図を作って皆で共有（シェア）したり、地図をより正確にしたりする努力が行われてきました。１９６０年代に地図をコンピュータで作成したり分析したりする試みが始まり、その実現のために地理情報のデジタル化とＧＩＳ（地理情報システム）の開発が進められました。ＧＩＳは１９８０年代に実用化され、１９９０年代に広く普及しました。同時にＧＩＳで利用できるデータの整備と配布も進み、多様な応用が可能となりました。ＧＩＳを用いて地図をデジタル形式で作成することにより、作業の効率化、印刷が不要な表示、インターネットでの配信といったさまざまな利点が生まれ、グーグル・マップのような日常生活で広く使われるサービスにも発展しました。さらに地理的な現象の数量的・統計的な分析も活発になりました。とくに環境の保全と防災に関連した分析は、それがデジタル地図やＧＩＳを発展させる動機になったという歴史的な経緯を持っています。２０２２年から高校生の必修となる新科目「地理総合」では、ＧＩＳ、環境問題、防災が重視されています。これらを関連づけてとらえ、総合的に学んだり発展させたりすることが重要です。

(1) デジタル地図の背景

人間は古代から、自分の周囲に何がどのように分布しているかに関心がありました。人間は水分と食物を補給し続けなければ生きられず、今はこれらを水道や店舗などから入手できますが、古代人は周囲の自然環境から得ていました。したがって、良い水や食料となる動植物が入手できる場所の分布は必須の情報でした。さらに、石器に適した石、土器に適した土、衣料や家の構築に使う植物といった資源の分布も知る必要がありました。一方で、得たものを交換する交易も行われましたが、そのためのルートや相手の集落の位置なども重要でした。

　このような情報を記録し、仲間と共有する手段として古代人は地図を使い始めました。最初期の地図はマンモスの牙や平坦な岩などに描かれました。たとえば北イタリアのカモニカ渓谷では、最終氷期に氷河によって磨かれた岩の表面に、約３５００年前の古代人が道路、耕作地、集落を示す地図を刻みました。その後、メソポタミアなどで建築や文書記録のために粘土やレンガの利用が活発になると、粘土板を削ったり土の壁を削ったりして描いた地図が制作されました。

　しかし地図が広く普及したのは、紙の利用と印刷の技術が発展した中世の後半です(1)。当時は、木版や銅版を用いて道路などの要素を黒インクで紙に印刷し、必要に応じて手作業で着色するのが一般的でした。15世紀半ばに大航海時代が始まると、世界の広域に関する地図の需要が高まりました。この種の地図を作るためには、地図の投影法を確立する必要がありましたが、ギリシャ時代以降は目立った発展がありませんでした。しかし16世紀になると、メルカトル図法などの新たな投影法が使われ始めました。さらにメルカトルとオルテリウスという二人のフランドル人によって、多様な地図帳が編纂・出版され、多くの人が地図を見たり利用したりする時代が訪れました。

　このような変化のなかで位置情報の把握が重要になりました。たとえば人が新大陸の一部に達した際には、地球上のどこなのかを理解するために、緯度と経度を知る必要がありました。緯度は天文観測で容易に計測できましたが、経度の計測は困難でした。経度の違いによって時差が生じるため、移動中に時刻を正確に刻み続ける時計があれば経度を把握できましたが、当初は航海の際の震動や温度変化が時計を狂わせました。しかし、18世紀の中期に英国のハリソンが高精度で実用的な時計を開発すると、緯度の正確な計測が可能になりました。

一方、狭い範囲の大縮尺の地図を作成する時には、地上での測量によって緯度と経度に相当する位置情報を把握しました。当初は地点間の距離と地点間を結ぶ線の相対的な角度を繰り返し計測していましたが、作業量が多く誤差が蓄積しやすいという問題がありました。しかし、17世紀の初頭にオランダのスネルにより三角測量の手法が確立されると、前記の問題が軽減され、大縮尺の地図の普及に貢献しました。ただし、地上での測量によって地表の高さを面的に把握することは困難でした。このため、20世紀初頭までの地図には等高線のような高さの情報がほとんど入っていません。一方、19世紀の中頃に写真が発明され、20世紀の初頭に米国のライト兄弟により航空機が発明されました。これらの技術は急速に発展し、1910年頃には航空機から地表を撮影するようになりました。その結果、同じ場所を異なる角度から撮影した二枚の空中写真を用いて地表の三次元形態を把握する空中写真測量が始まり、等高線が入った地図の作成が容易になり、各国の官庁が地形図を整備するようになりました。

(2) デジタル地図とGISの普及とデジタル・アースの提唱

前記のように地図を作る技術が発展するなかで、20世紀後半に入るとデジタル地図が登場しました。これは千年以上も続いた紙の地図（アナログ地図）からの転換という重大な出来事でした。デジタル地図はコンピュータが発展するなかで、地図もコンピュータで扱うべきという考えが生まれたことに由来します。これを最初に具現化した人物が、「ＧＩＳの父」と呼ばれるカナダのトムリンソンです。彼は１９６０年代に、カナダ政府やＩＢＭなどと協力して世界最初のＧＩＳ（地理情報システム）の開発に取り組みました。この際には、紙の地図に示されている多様な内容を、デジタル情報としてコンピュータに入力する方法を提唱しました。当時のコンピュータは計算速度やメモリの量などが限られており、多額の投資があったにもかかわらず実用的なＧＩＳはすぐには生まれませんでした。しかしトムリンソンが提案したデジタル地図の作成方法や形式は、今日のＧＩＳに引き継がれています。

１９７０年代になると合衆国地質調査所（ＵＳＧＳ）などの公的機関が、道路網などの地図に含まれる情報を電子ファイルとして整備し始めました。日本でも国土庁が、「国土数値情報」の整備を１９７４年に開始し、国勢調査のデータもデジタルのメッシュ形式で整備されるようになりました。さらにガス会社や電力会社といった民間企業も、配管や送電線などの情報を電子化し、施設管理の効率と安全性を高める試みを始めました。

１９８０年代にはＧＩＳが実用化しました。たとえば米国のＥＳＲＩ社が１９８２年に販売を開始したARC/INFOは、商業的に成功した最初のＧＩＳのソフトウエアでした。この頃にはトムリンソンの時代とは異なり、ワークステーションと呼ばれる卓上に置けるサイズのコンピュータによってＧＩＳが動くようになりました。１９９０年の中頃には、ＰＣやＧＩＳのソフトウエアが高性能かつ低価格になり、Windowsなどのマウスで操作が可能なインターフェースが普及したことも相まって、ＧＩＳが急速に普及しました(2)。現在は無償で高機能なＧＩＳのソフトウエアも入手でき、安価なＰＣでも操作が可能です。

１９９０年代以降にはＧＩＳで利用できるデータも急速に普及しました。その象徴の一つは、米国のクリントン大統領が１９９４年に発した大統領令12906号で、表題の意訳は「地理データの取得とデータへのアクセスを促進する：国家の空間データのインフラ」となります。これは、国がデジタル形式の地理情報と、それに国民がアクセスできる環境を整備し、国の重要なインフラを構築するという概念です。今日では当然の内容かもしれませんが、当時はデジタルな情報が道路や上下水道と並ぶようなインフラになるという発想は新鮮でした。また、「アクセス」の語は１９９０年代から普及したインターネットが念頭にあり、実際に合衆国地質調査所などのウェブサイトから、同国の地形や道路などのデータを誰もが無償でダウンロードできるようになりました。

同じ頃、日本でも国土地理院がデジタル形式の「数値地図」の整備と配布を始めました。ただし米国とは異なり、フロッピーディスクやCD-ROMにデータを入れて販売しました。当時はイギリスなど他の多くの国も、データを販売する形をとっていました。しかし21世紀には状況が変わり、米国のような無償配布を行う国が増えました。たとえば日本では、２００７年に「地理空間情報活用推進基本法」が制定されましたが、これは米国のようなデータ整備と配布を行うことを目的に含んでおり、間もなく国土地理院のウェブサイトから基本的なデータを無償でダウンロードできるようになりました。

さらに国単位ではなく、世界全体のデジタル地理空間データを整備しようという動きも現れました。初期の動きは、クリントン政権の副大統領だったゴアが牽引しました。彼は「デジタル・アース」という概念を提唱し、世界の全域について異なる解像度の地理空間データを整備し、広域の俯瞰や狭い範囲の詳しい把握をしながら自然や社会を深く理解する仕組みを作ろうとしました。このためのデータやシステムを整備する動きは、ゴアが２０００年の大統領選で敗北したこともあり一時停滞しましたが、間もなく民間企業が実現させました。その最たるものが２００５年に登場したグーグル・マップとグーグル・アースで、世界の任意の場所の地図や衛星画像などを、解像度を自由に変化させせながらインターネットで閲覧できるようになりました。これはデジタル・アースの概念をウェブの技術や高解像度化したリモートセンシングと結びつけたもので、大きな成功を収めました。

さらに各国の地図関連の企業も、国内の詳細な地図や関連情報を作成・販売するとともに、それを閲覧できるサービスを提供しました。この背景として日本で重要なものがカーナビゲーション（カーナビ）です。日本では1990年代から世界に先駆けてカーナビが普及し、これに使われる詳細なデジタル地図のデータも整備されました。カーナビのデータには他の汎用的な地理空間データと共通する部分が多数あります。したがってカーナビの発展は、印刷した地図・地図帳の作成や、日本独自のインターネットの地図サービスの整備なども促進しました。

（3）デジタル地図とGISの利点

前記のように地図はアナログからデジタルに移行したとみなせますが、紙などのアナログの媒体に印刷された地図は今も広く使われています。ただしこのような場合でも、地図の元となるデータはデジタルになっており、手作業ではなくGISを搭載したコンピュータで印刷の原版を作るのが最近の状況です。たとえば国土地理院は、2万5千分の1地形図などの紙媒体の地図を製作・販売していますが、元データと原版の作成過程は、ほぼ完全にデジタル化されています。

作成過程を含む地図のデジタル化には多数の利点があります。まず、地図を統一された基準と品質で作ることが容易になります。たとえば、国土地理院の地形図をオフセット印刷する際には、以前は手作業で製版用のフィルムを細かく切る必要があり、熟練した作業者であっても時間がかかり、個人差も認められました。しかしデジタル化により、作業が効率化され、質の変動も減少しました。これは、同じ基準を多数の地域に適用する必要がある官製の中～大縮尺の一般図で、とくに重要な点です。一方、特定の地域における特定の内容を示す主題図を整備する場合には、内容や地域の特性に応じて最適の表現を臨機応変に行うことが重要です。ＧＩＳを用いると、多様な表現を試行錯誤しつつ最適な表現を選ぶことが、アナログ製版の時代に比べてはるかに容易になります。

地図の作成方法のデジタル化により、地図の更新も容易になりました。官製の地図には定期的に更新する必要があるものが多く、他の主題図の場合でも、一度完成させた後に改変を行いたい場合があります。更新の際には地図の一部を変えますが、フィルムを手作業で切るような作業があると、一部の更新であっても全体を作成し直す必要が生じます。この問題がデジタル化によって解消され、更新の頻度を上げることも容易になりました。さらに、複数の人が地図の作成に関与している場合には、インターネットなどでファイルをシェアすることにより、離れた場所にいても同時に作業を行えます。

デジタル製版された地図は印刷をせずに利用できることも大きな利点です。ＧＩＳで生成された地図を画像やＰＤＦファイルとして保存すれば、ウェブで閲覧したり、電子メールの添付ファイルとして送付したりすることができます。したがって、時間のかかる印刷や郵送・搬送などが不要で、即座にPC、タブレット、スマホの画面や、プロジェクタによる投影により閲覧できます。

さらに、ウェブの技術とGISを組み合わせて生まれた「ウェブGIS」が普及したことにより、グーグル・マップやグーグル・アースのように、地図を対象の場所や解像度を変えながらPCやスマホで閲覧することが可能となりました。これにより、車でカーナビを使う以外のさまざまな場面でも、市民がデジタル地図を活用するようになりました。とくに電車や徒歩で移動する際などに、経路や周辺情報の検索サービスと連動したデジタル地図を使う機会が非常に増え、生活の利便性を向上させています。

（4）環境問題の解決や防災への貢献

前記のようにデジタル地図は広く普及し、日常生活に重要なツールになっていますが、より専門的な応用にも広く活用されています(3)。この際には、GISを地図の作成のみならず、地理空間で生じるさまざまな現象を分析するツールとして活用します。たとえばGISを用いると、地理空間にある複数の要素の相互関係を定量的・統計的に分析できます。もし複数の要素に相関や対応があり、それらが因果関係で結びついていると判断される場合には、ある要素の分布から他の要素の分布を推定することが可能となります。このようなアプローチが有用な場面は非常に多く、学術研究のみならず行政や企業でも活用されています。一例を挙げると、日本マクドナルド株式会社は、1990年代中頃から「マックＧＩＳ」と呼ばれるシステムを自社開発しています。これは、地域の人口や交通量などの要素から、ある場所に出店した場合の利用客の数と売上高を予測するものであり、同社のマーケティングのための重要なツールとして使われてきました。このような応用の際には、最初に既存の代表的な地理空間データにＧＩＳや統計の手法を適用し、ある変数とその規定要因との関係を明らかにします。その後は、得られた関係に面的に得られている規定要因の値を入力することにより、任意の地点における変数の値を予測できるようになります。これらは地理空間における現象のモデル化と、それに基づく意思決定支援と呼べるもので、地図の作成と並ぶデジタル地図とＧＩＳの主要な目的になっています。デジタル地図はアナログの地図とは異なり、データが数量的に記録されているため、数式を用いた客観的な分析が即座に可能となります。

このようなデジタル地図とＧＩＳの応用のなかで、環境問題は最も古典的なテーマといえます。前記のように１９６０年代にトムリンソンが世界初のＧＩＳの開発を試みましたが、その主な目的は、カナダの土地利用と環境を分析し、土地の適正な利用と管理を行うことでした。また、商用のＧＩＳソフトウエアを１９８０年代に普及させたＥＳＲＩ社は、元々は土地利用を含む環境問題を扱うコンサルタント企業として設立されました。実際、ＥＳＲＩはEnvironmental Systems

Research Institute（環境システム研究所）の略称です。同社は環境の分析にはＧＩＳが必須と考え、主要な業務をコンサルティングからＧＩＳソフトウエアの開発に変えたという経緯があります。

また、ゴアのデジタル・アースも環境問題を強く意識して提案されたものです。ゴアは大統領選挙に敗れた後は、地球温暖化などの環境問題の重要性を訴える市民的な活動を行い、その貢献により２００７年にノーベル平和賞を受賞しました。彼は１９７０年代から地球環境に強い関心を持っており、デジタル・アースを含む副大統領時代の実績にも、それが色濃く反映されています。

以上のように、デジタル地図やＧＩＳの環境問題への適用は歴史的必然とみなされます。実際、そのような適用を行った事例は枚挙に暇がありません。特筆すべきことは、ＧＩＳを用いることにより、自然系と人文系の地理空間データを共に用いた分析を心理的にも容易に行えるこ

図１　GISとデジタル・アースのイメージ
衛星，既存の地図，野外調査や文献調査などを通じて地球の多様な場所のデータを取得する（左側の外側の弧）．そのデータを要素ごとに分けたファイル（レイヤー）として保持する（右側の弧）．それらをコンピュータで分析し，グラフの作成などを行う（左側の内側の弧）．タイの Wanassa Uthaisri 氏の作品．https://adobe.ly/2qHzZbZ

とです。環境問題の解決のためには、自然の実体、自然と人間が相互に与え合う影響、問題への人間の対応などに関する総合的な検討が必要です。自然現象と人文現象は、古典的な学問分野では、地理学などを除くと分けて扱っている場合がほとんどです。しかしＧＩＳのうえでは、データの重ね合わせによる地理的事象の相互関係の分析を、自然系や人文系といった区分を強く意識せずに行えるため、文理を隔てない環境の総合的な理解に有用です。

デジタル地図やＧＩＳで扱う対象は、基本的には特定の時点における現象の静的な分布であり、現象の動的な側面を直接扱うわけではありません。しかし、現象の分布は動的なプロセスの結果であるため、分布からプロセスについて議論できる場合もあります。このような視点は環境研究にも取り入れられています。たとえば筆者が参画した東部イングランドの河川水質の研究（4）では、水質を構成する多様な成分の濃度と、観測地点の上流域の土地利用と降水量との関係を検討し、水質の成分の運搬様式（浮流と溶流）や、降雨による河川の運搬力の増加と希釈の効果が両者の関係を規定していることを見いだしました。このような議論を行う際には、データをＧＩＳで処理するだけではなく、環境に関連する諸要素に関する科学知識も動員して考察を深めます。デジタル地図やＧＩＳは、静的で機械的なツールではなく、動的な科学思考も支援するものです。

防災とデジタル地図やＧＩＳとの結びつきも歴史的な側面があり、とくに日本ではそれが明瞭です。前記のように日本では、１９７０年代に国土数値情報や国勢調査のデジタルデータが整備され、民間企業もデータを作成しました。しかし、1980年代までのGISの日本での普及は欧米に比べて大幅に遅れていました。筆者はこれを日本人のメンタリティーによると考えていますが[5]、その後に状況が変わりました。たとえば1995年9月には、内閣に「地理情報システム（GIS）関係省庁連絡会議」が設置され、GISの普及のための活動を始めました。この背景の一つは、前記した米国の1994年の大統領令ですが、もう一つは1995年1月の阪神淡路大震災です。この際には被災地の地理空間データがGISで処理され、救援活動や復興に対して一定の貢献をしました。しかし、もしGISの整備が欧米のように進んでいたら、ずっと大きな貢献があったはずだったという反省も生まれ、それが政府の方針に影響を与えました。その後は現在まで、政府や自治体が継続的に地理空間データの整備とGISの普及を進めており、その一つの現れが、前記した地理空間情報活用推進基本法です。

2011年の東日本大震災の際には、デジタル地図やGISがより有効に機能しました。国土地理院や大学の研究者などが、被災地の地理空間データを救援や復興のために公開し、道路や送電の状況といった情報も地図として可視化されました。さらに、インターネットの地図サービスを用いて、避難所や炊き出しなどの情報をリアルタイムで提供する活動が、市民レベルを含めて行われました。また、大規模な津波を踏まえた防災対策が不十分だったことを踏まえて、各地の自治体がハザードマップを改訂したり、新たに整備したりする動きも生まれましたが、この際にも地理空間データやＧＩＳが活用されました。

防災に関する学術的な課題に地理空間データやＧＩＳを用いた研究も多数行われています。一つの典型的な研究のスタイルは、洪水や斜面崩壊などの発生しやすさを、地形、降雨、地質といった自然的要因や、土地利用や人工物の分布といった人文的要因から予測し、結果を地図として可視化するものです。この際には、過去に発生した災害の分布と数理統計モデルを用いて、妥当性の高い予測を試みます。この分野では最近、機械学習や人工知能を導入して、既存の情報を最大限に用いた予測を行う動きが活発になっています。

以上のような地理空間データやＧＩＳと防災との結びつきは、今後は高校生の段階で広く認識されるようになると考えられます。２０２２年には高校の地歴科の新科目である「地理総合」が必修科目になります。地理総合は従来の高校の地理とは異なり、ＧＩＳの活用と防災が非常に重視されているため、両者を関連づけて教えることが期待されます。さらに環境問題の理解を踏まえた地域の持続的発展も、地理総合の重要な要素となっていて、これもＧＩＳと関連づけて教えられる機会が増えるでしょう。地理空間データとＧＩＳを環境保全や防災に活用することは、関連する事項を高校から学ぶようになるという点も含めて、自然と人間との関係を扱う地球人間圏科学の基本中の基本と考えられます。

5.2 Future Earth：未来可能な地球社会をめざして

安成 哲三
YASINARI Tetsuzo

【論 点】

大気圏・水圏・生命圏を含む地球システムは、とくに産業革命以降の人類活動により、過去約1万年間続いた完新世の比較的安定していたシステムから、大きく改変されたシステムに変化しつつあり、現在はもはや完新世ではなく、人類自身が地球表層を大きく改変してしまった「人新世（人類世）」（Anthropocene）という新しい地質時代に入ったといわれています。このような状況で、地球システムの統合的理解と、人類がめざすべき未来の地球社会像の共有、そしてそれを踏まえた持続可能な社会を実現するためには、地球環境に関する革新的な研究はもちろんのこと、文理の壁を越えた学際的研究を飛躍的に進め、さらに、個別の研究者コミュニティの視野の限界を克服するために、問題の発見から解決（持続可能な社会の実現）にいたる研究の全過程を、社会各層の関係者と協働でデザインする超学際的（transdisciplinary）研究の推進体制を構築する必要があります。

Future Earth（フューチャー・アース）の特徴は、自然科学と人文・社会科学にまたがる学際的研究により地球と社会についての知の提供を行うだけでなく、研究者コミュニティと社会の様々な関係者・関与者との超学際的な連携・協働を通じて、持続可能な社会へむけた転換をめざすところにあります。地球社会が抱える多くの課題群について、研究と解決に向けた実践をつないで活動する国際的なグループ Knowledge-Action-Network (KAN) が立ちあげられつつあり、すでに進められてきた研究分野ごとのプロジェクト（Global Research Projects: GRPs）とも連携しながら、研究と実践をつなぐ努力が開始されています。当然のことながら、これらの Future Earth の活動は、２０１５年に国連で策定された SDGs（持続可能な開発目標）の達成に向けた国際的な組織活動とも位置づけています。

（1）人類が大きく変えつつある地球

私たち人類の直接の祖先であるホモ属は約250万年前に現れ、寒冷で変動の激しい第四紀の氷河時代を生き抜いてきましたが、約1万年前からの完新世（Holocene）の比較的暖かい気候の下で農業革命を起こし、人口増加と共に都市文明を大きく発展させました。しかしそれは同時に、人類が地球環境を変化させることの開始でもありました。とくに18世紀末に産業革命が起こって以降の地球環境変化の進行は非常に速く地球全体に大きな影響を与えるに至っています。たとえば地球大気の CO_2 濃度は、完新世の開始以降ほぼ1万年間、280 ppm程度で安定していましたが、19世紀後半以降増加の一途をたどり、とくに20世紀後半の増加は著しく、現在すでに400 ppmを超えています。ＩＰＣＣ（気候変動に関する政府間パネル）は、この CO_2 を中心とする温室効果ガスの増加により、19世紀後半以降全球の年平均気温は1℃程度上昇していると報告しています[1]。ＩＰＣＣはさらに、温暖化対策なしに CO_2 が増え続ければ今世紀末（２１００年）には、地球の気温は4℃程度上昇し、夏の北極の海氷は２０５０年頃には消滅する可能性があり、仮にこれ以上温室効果ガスが増加しないよう、可能な限りの対策を施しても、２１００年には1℃程度の増加は避けられないと予測しています。また地球温暖化が水循環に影響することにより、世界各地域での豪雨や干ばつの増加などを含む異常気象の増加も予測されています。

温室効果ガス増加による地球温暖化に加え、加速的に拡大する工業活動による大気汚染・水質汚染も地球規模で進行しています。北米、ヨーロッパ地域、日本などの先進工業国では、1970年代以降の大気・水質汚染対策の強化によって汚染は大きく抑えられてきましたが、人口増加や急激な経済成長が進行中の発展途上国における汚染は、20世紀末以降むしろ深刻化しており、大気・海洋汚染などはなおも全球的に進行しています。温暖化など気候の変化や環境汚染だけではなく、生態系もすでに大きく変化しつつあります。人口増加に伴う人間活動域の拡大や地球温暖化によって消滅した生物種の数は、1980年頃から急激に増加しています。産業革命以降に失われた生物種はすでに5万種にも上っており、生態系の劣化は、農業を含めて人類が生物圏から受けている（総称して生態系サービスと言われている）恩恵が大幅に低下しつつあります。

このように、大気圏・水圏・生命圏を含む地球システムは、とくに産業革命以降の人類活動により、過去約1万年間続いた完新世の比較的安定していたシステムから、大きく改変されたシステムに変化しつつあり、現在はもはや完新世ではなく、人類自身が地球表層を大きく改変してしまった「人新世（人類世）」（Anthropocene）という新しい地質時代に入ったという指摘もされています(2)。図1は、地球システムを構成する重要な10個の要素が、完新世における地球レベルでの平衡状態が維持できる限界（planetary boundaries）を超えて臨界点（tipping points）に達しているかどうかを示しています[3]。気候変動だけではなく、生物圏（生物多様性）の変化や窒素負荷などの生物化学的循環については、すでに限界を超えており、地球システム自体が急激に変わってしまうという可能性も指摘されています。このような事態がもし生じれば、人類文明の存続、持続性にとって大きな脅威あるいは危機となります。人類は今、自らの生存基盤であるはずの地球システムそのものを自らで変えつつあり、人類史での大きな歴史的転換点に立っているといえます。

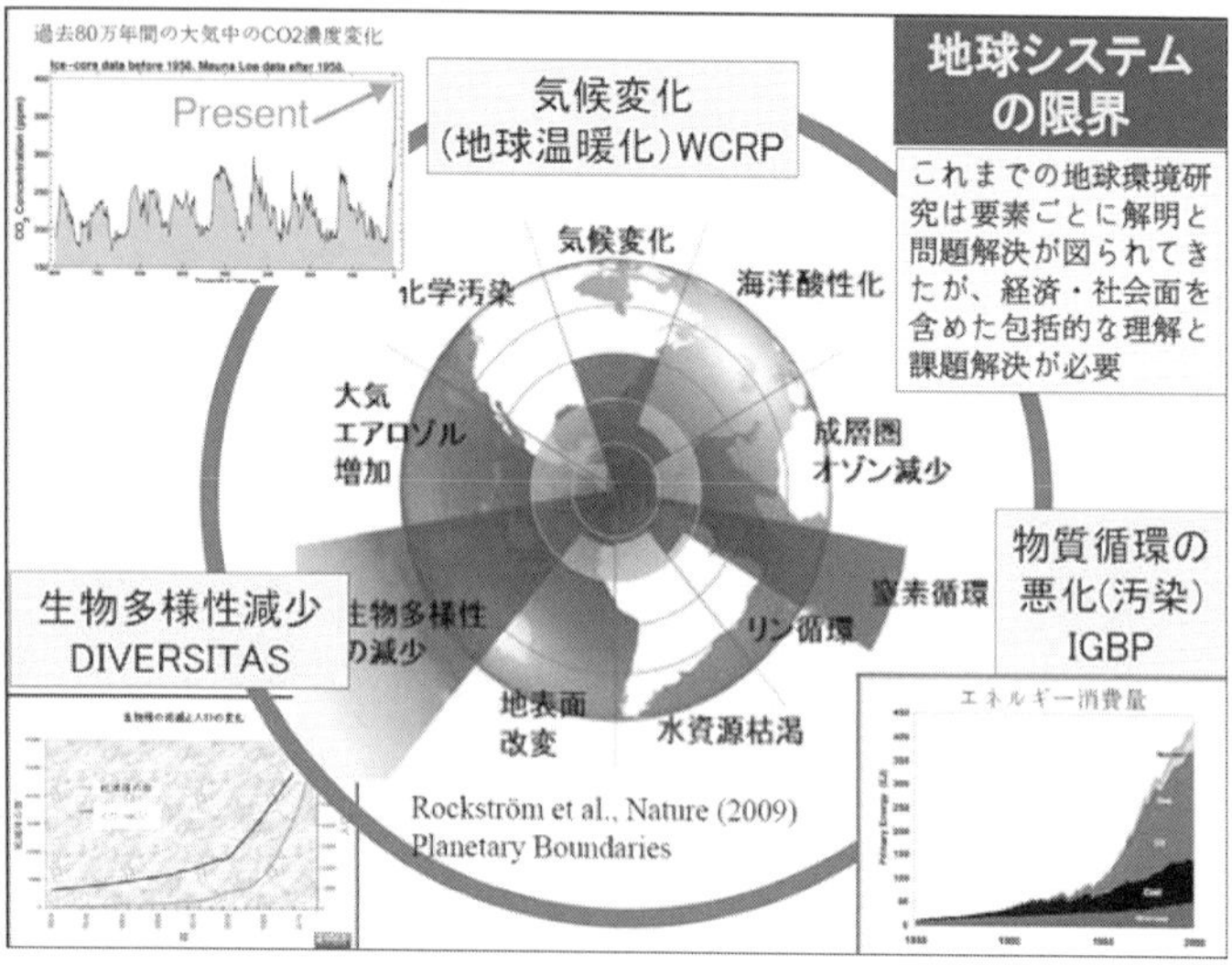

図1　地球・人間システムの状態を示すいくつかの指標
生物多様性の減少，気候変化，窒素循環は，安定状態の限界（中心から二つめの円）を超えている．他の要素についても，近い将来限界を超える可能性が指摘されている．出典：Steffen et al.（2015）.

(2) 基礎・臨床環境学──統合的理解と問題解決に向けての試み

ここで重要な点は、人類活動の地球システムへの影響は、気候変化、生態系の変化、物質循環の変化などが、相互に複雑に絡んでいることです。このような相互作用も含めて、地球システムを個別的、部分的に評価するのではなく、統合的に理解し、定量的に評価することが、今後の地球環境変化の理解と予測には欠かせない。そしてさらに重要な課題は、そのような脅威に人類はどう対処していくべきか、ということである。しかし、複雑な地球システムの変動を抑えながら、どのように持続可能な地球社会を構築できるのだろうか。そのためには前述の地球システムの要素間の相互作用を考慮するだけでなく、資源、人口、工業生産、食料、汚染などに関与する社会経済システムの抱える問題やその持続性にも視野を広げ、人間と自然の相互作用に関するさまざまな要因を、人間活動を含めた地球システムとして統合的に解明する必要があります。

このような地球システムの統合的理解と、人類がめざすべき未来の地球社会像の共有、そしてそれを踏まえた持続可能な社会を実現するためには、地球環境に関する革新的な研究はもちろんのこと、文理の壁を越えた学際的（interdisciplinary）研究を飛躍的に進め、さらに、個別の研究者コミュニティの視野の限界を克服するために、問題の発見から解決（持続可能な社会の実現）

にいたる研究の全過程を、社会各層の関係者と協働でデザインする超学際的（transdisciplinary）研究の推進体制を構築する必要があります。

しかし、地球システムの統合的理解といっても、そう簡単なことではありません。そもそも大学を中心として進められてきた現在の「近代科学」は、専門化された分野の単なる集合となっている側面が非常に強いわけです。自然（や人間）のある部分（要素）だけを取り出して議論する「要素還元論」が主流となり、自然や人間、あるいは自然と人間の関係を全体として理解するということを放棄してきたと言えます。近代科学における哲学の相対的な弱体化は、まさにそのことを象徴的に表しています。

このような近代科学の属性のひとつは、「科学は両刃の剣である」という見方です。科学の知識は、「価値自由」であり、それ自体は価値判断などに左右されない「客観的な事実」であり、良いことにも悪いことにも使えるという前提です。物理学や化学の専門化された知識（知識の切り売り）は、原子爆弾も化学兵器も簡単につくってしまいますが、それは知識を生み出した科学（および科学者）の責任ではなく、悪用した科学者・技術者あるいは政治家のせいであるという論理も出てきます。しかし、近代科学が、まったく価値自由（あるいは没価値）的に進んできたわけではありません。「必要は発明の母」と言われるように、国家の必要に応じて、近代科学と関連した技術の在る部分のみが肥大化しています。20世紀における近代科学の「大発展」

は、二つの世界大戦や、戦後の米ソによる宇宙開発競争などに依っている面が非常に大きいですが、このような国家権力などによって都合のいい分野のみが異常に増大することができるのも、まさに「近代科学」の問題点でもあるわけです(3)。

さて、では環境問題の統合的理解と解決はどのようにして進めることができるでしょうか。国内外の大学などでも、さまざまな「近代科学」克服の試みがされ始めていますが、著者らは2009年から5年間、名古屋大学のグローバルCOEプログラム「地球学から基礎・臨床環境学への展開」で、この問題に取り組みました。そもそも環境学とは、人間活動による地球生命圏の変調を人体の病変に擬《なぞら》えるとき、「地球の病気」に立ち向かう医学に相当させて位置づけることができます。しかし、多くの大学や機関で進められてきたこれまでの環境学では、大気圏・水圏・地圏・生命圏の部分的な仕組みやその人間活動との関係を解析する診断型分野（地球科学、生態学、地理学等）と個別の環境問題の技術的・制度的対策を研究する治療型分野（工学・農学・経済学等）が互いにほとんど独立に進められ、診断と治療が協働する臨床医学に相当すべき臨床環境学的取り組みが欠如していました。そこでこのプログラムでは、（人間と自然の関係の持続可能性を脅かす病気と位置づけられる）さまざまなスケールの環境問題の診断から、その適切な予防と治療、治療の副作用の予測や防止に至る一連の実践的取り組みを、臨床環境学として体系化することをめざしました。同時に、臨床環境学を支える基盤として、地球生命圏における人間社会の持続可能性を学際的・総合的に考察し、それに対する技術的・制度的アプローチの有効性・問題点を整理して、より普遍的・地球的な視座を提供する基礎環境学の構築も重要です。

臨床環境学と基礎環境学は、図2に示すように、環境問題に立ち向かう上での車の両輪であると同時に、双方が、既存の環境学関連の諸分野を統合していく要となります。すなわち、このGCOEプログラムでは、理、工、農、人文・社会科学分野などが協働して、いくつかの現実の人間と自然の相互関係の仕組みについての体系的理解を進めるプロセスと、現場での環境問題での取り組みの経験知のサイクルを、自治体などとも協働で超学際的に回しながら、問題の理解と解決を同時に進める研究と教育と、大学および社会での価値の転換を図っていこう大きな枠組みを作ったわけです。この取り組みは、その後も引き続き環境学研究科などを中心に進められています。

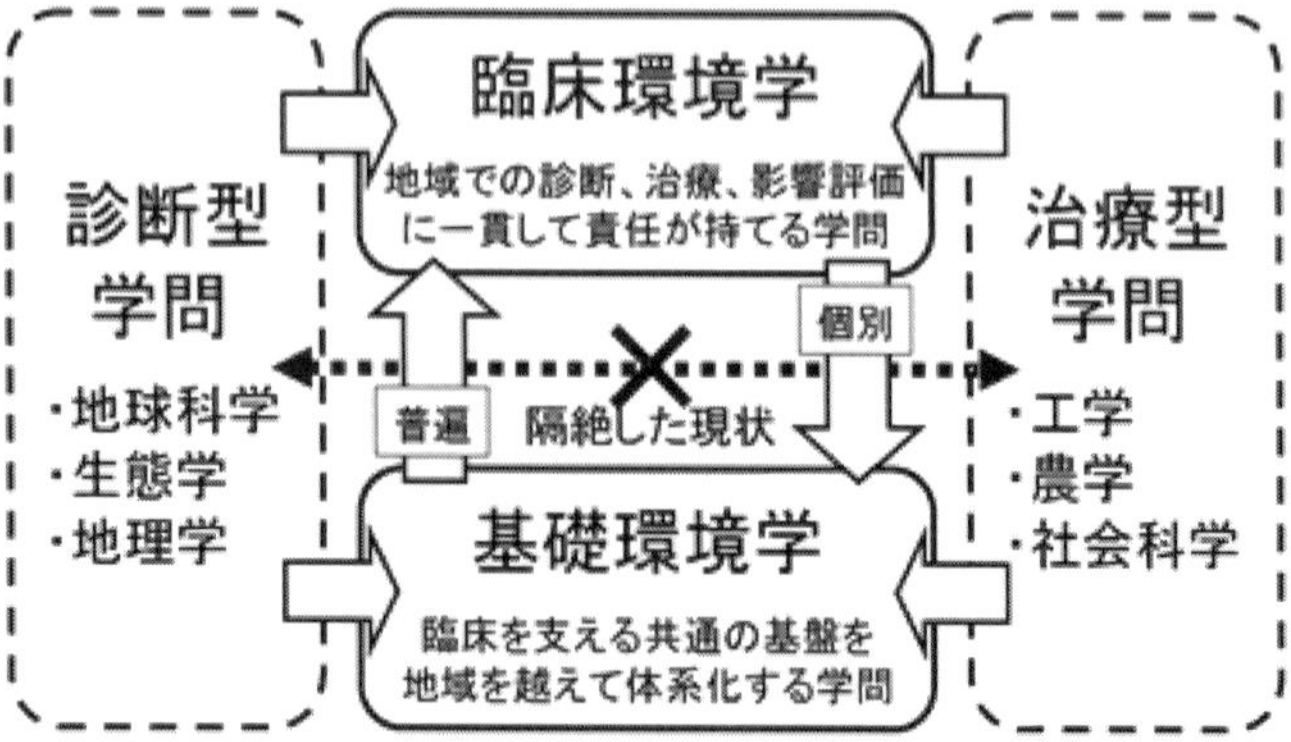

図2　基礎・臨床環境学の構図
名大BCES-GCOEニュースレター（2010）.

（3）国際枠組み Future Earth の展開

このような環境問題の統合的理解と解決に向けた研究を、国際的に、そして地球規模の環境問題と持続可能な社会に向けて進めようという枠組み（あるいはプラットフォーム）として、Future Earth（フューチャー・アース）が２０１２年頃から提案され、２０１５年から実質的に開始されています。地球システムの統合的理解と、人類がめざすべき未来の地球社会像の共有、そしてそれを踏まえた持続可能な社会を実現するためには、地球環境に関する革新的な研究はもちろんのこと、文理の壁を越えた学際研究を飛躍的に進め、さらに、個別の研究者コミュニティの視野の限界を克服するために、問題の発見から解決（持続可能な社会の実現）にいたる研究の全過程を、社会各層の関係者と協働でデザインする体制を構築する必要があります。Future Earth はこのような課題に取り組むことにより、地球に依存する私たち人類社会の持続可能性を追求するために提案されました(4)。

Future Earth の特徴は、自然科学（理工学、農学、医学など）、人文・社会科学にまたがる学際的研究により地球と社会についての知の提供を行うだけでなく、研究者コミュニティと社会のさまざまな関係者・関与者（英語ではよく stakeholders といいます）との超学際的な連携・協働を通じて、持続可能な社会へむけた転換をめざすところにあります。地球環境問題における関係者・関与者としては、国際援助機関、政策担当者（政府／地方自治体）、研究資金提供者、産業界、メディア、教育関係者、市民団体などが挙げられます。「超学際」という表現は、「学際」とともに、Future Earth のキーワードのひとつになります。この場合、単に社会貢献という意味よりも、研究者コミュニティと社会のさまざまな関係者・関与者が、問題に対し共通の視点を共有しつつ、研究の立案の段階から成果の普及に至るまで協働することにより、問題解決に向けた新たな知の創出と統合を進めるという、協働企画・協働生産のプロセスを重視するところにあります。このためには、研究の目的や方法を社会と共有する必要があり、これが19世紀から続いてきた「科学のための科学」とは大きく異なることになります(4)。日本では、２０１１年３月11日の東日本大震災をきっかけに、防災・減災の側面からも、この「社会のための科学」への転換が問われています。

さて、ここでFuture Earth の設立経緯について、少し説明します。国際的な地球環境変化のプログラムは、１９８０年代から、国際科学会議（International Council for Science, ICSU）や国連の地球環境にかかわる機関の主導により開始されました。まず、１９８０年に世界気候研究計画（World Climate Research Programme, WCRP）が、次いで１９８７年に地球圏・生物圏国際協同研究計画（International Geosphere-Biosphere Programme, IGBP）が開始されました。その後、生態系・生物多様性研究を進める生物多様性科学国際共同研究計画（DIVERSITAS）が１９９０年に開始され、さらに地球環境問題を人文社会科学の視点から進める地球環境変化の人間的側面国際研究計画（International Human Dimension Programme, IHDP）が国際社会科学評議会（International Social Science Council, ISSC）とＩＣＳＵの合同で１９９６年に開始されました。さらに、これら4つのプログラム間の連携・協力を進め、より統合的な研究を図るために、２００１年に地球システム科学パートナーシップ（Earth System Science Partnership, ESSP）が開始されました。しかし、ESSPは、それ自体の予算や実行のための組織体制がなかったことや、各プログラムの独立性が強すぎた面もあり、一部の地域的な推進での連携・協力を除き、全体としての連携と統合的な研究はあまり進みませんでした。ただ、それぞれのプログラムでの科学者コミュニティの連携・協働による科学的成果はめざましいものがあり、私たちが今、地球環境問題として認識している多くの知見（たとえば、地球温暖化の実態や予測、大気環境の変化、生態系の変化の実態など）は、これらの地球環境変化プログラムの成果に負うところが非常に大きいといえます。

一方で、やはり20世紀末から、社会科学者が中心となって、地域社会や国レベルにおける資源やエネルギーの保全や社会の持続可能性（sustainability）に関する研究も進んできましたが、社会の仕組みや経済などをどうすべきかというこれらの対策的・政策的研究と、前述の自然科学者を中心とする地球環境変化研究とは、相互に連携や協力をする場はほとんどなかったともいえます。ちょうど、前項で述べた基礎・臨床環境学の構図でいえば、（地球環境変化研究という）診断型学問と（地域やある問題に限定した環境対策や政策的研究という）治療型学問の結びつきが、国際的な研究者コミュニティでもほとんどなかったということになります。

この反省を踏まえて２００８〜２０１０年頃、ＩＣＳＵとＩＳＳＣはこれらの科学研究の状況レビューを行い、優先性、効果性、統合性の３重要項目を視点として地球環境研究の統合の重要性を指摘しました。この報告を受けるかたちで、科学者コミュニティとしてのＩＣＳＵとＩＳＳＣ、関連する４つの国連機関および主要各国の科学研究予算組織（日本は科学技術振興機構（ＪＳＴ））の連合体であるベルモント・フォーラム（ＢＦ）が合同で、上述の地球環境変化研究のプログラムであるＩＧＢＰ、DIVERSITASおよびＩＨＤＰを統合したひとつの国際プログラム（あるいはプラットフォーム）として、Future Earthを２０１２年に立ち上げました（図３）。なお、ＷＣＲＰは当面はFuture Earthには参加しないが、Future Earthと密接に連携したプログラムとして続けられることになりました。基本的には学術コミュニティ間の連携のみを考えていたＥＳＳＰとは異なり、Future Earthは研究者と社会のさまざまなステークホルダーが、研究のデザインから成果の提供・利活用までを共同で学際的・超学際的に研究を進めて、最終的に持続可能な地球社会をめざす、新しい国際共同研究の枠組として提案されたわけです。

Future Earthでは現在、地球環境問題解決と持続可能な社会に向けて、以下の８つの優先課題を設定している（５）。

課題1　すべての人へ安心・安全な水、エネルギー、食料を提供する。

課題2　社会・経済システムを脱炭素化し、気候を安定させる。

課題3　人間の福祉を支える陸上・淡水・海洋資源を保護する。

課題4　健康的で災害にも強く回復力ある生産的な都市を構築する。

課題5　変化する生物多様性、資源、気候のなかで、持続可能な農村開発を促進する。

課題6　人々の健康を改善し、そのための対策を考案する。

課題7　公正で持続可能な消費と生産のパターンを探る。

課題8　社会的な回復力を高め、持続可能性への転換を促進する技術と制度のあり方を探る。

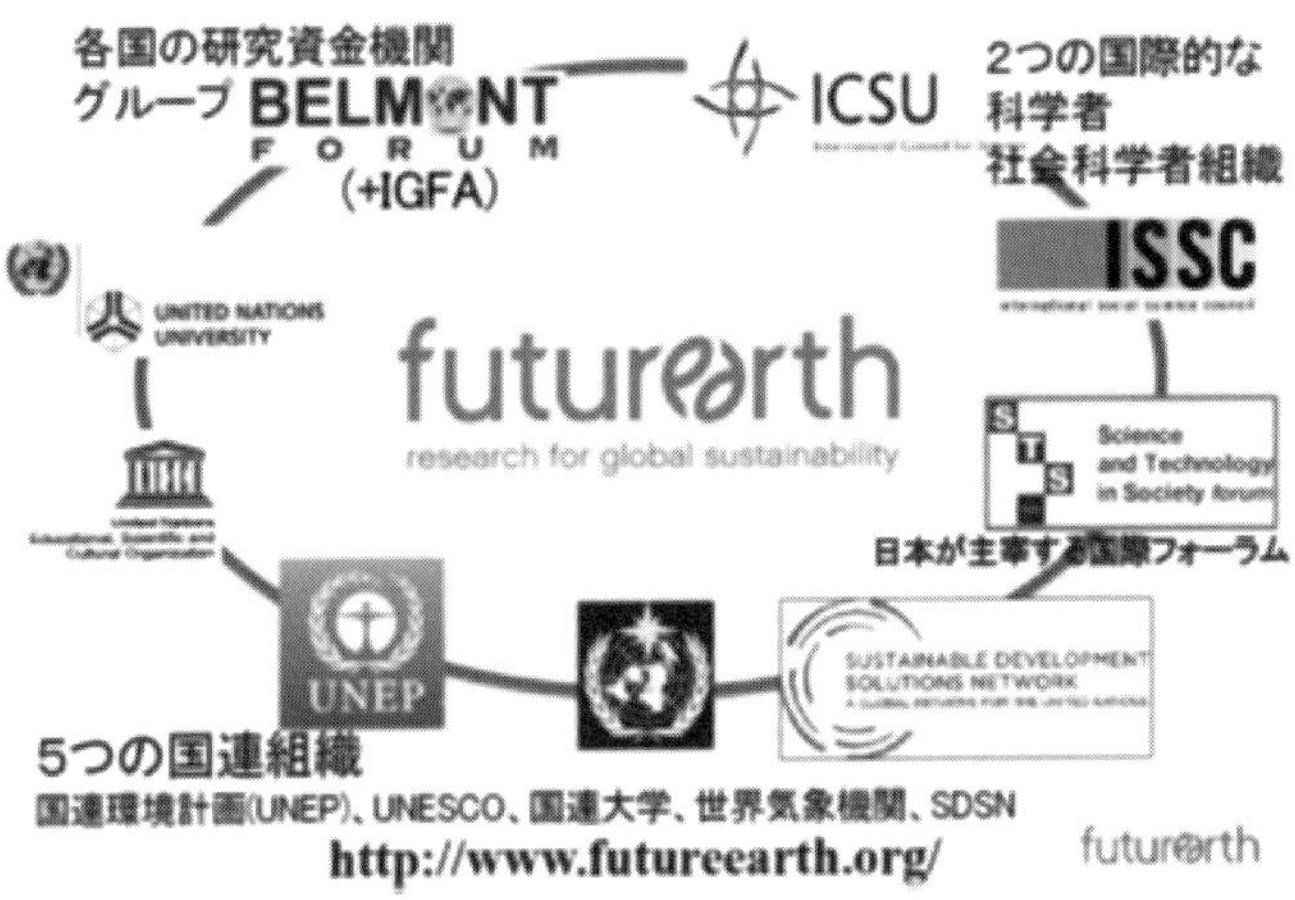

図3　Future Earth を運営する国際組織連合

ICSU と ISSC は 2018 年 7 月より統合.

我が国では、日本学術会議や総合地球環境学研究所により、これらの課題群に加え、とくにアジア地域で重要な課題として、文化の多様性を考慮した持続可能な社会の構築など、一部加筆・修正した課題を提案しています(6・7)。

現在、これらの課題群に加え、これらの課題群にもまたがるいくつかの課題について、研究と解決に向けた実践をつないで活動する国際的なグループKnowledge-Action-Network (KAN) が立ちあげられつつあり、もとから進められてきたテーマごとのプロジェクト（Global Research Projects: GRPs）とも連携しながら、研究と実践をつなぐ努力が開始されています。当然のことながら、Future Earthでのこれらの活動は、２０１５年に国連で策定されたSDGs（持続可能な開発目標）の達成に向けた大きな組織的な活動となるはずです。Future Earthの活動についての詳細は、ウェブサイトを参照していただければ幸いです（http://www.futureearth.org/）。

5.3 脱原発社会への道筋を拒むもの

山川 充夫
YAMAKAWA Mitsuo

【論 点】

未曾有の「複合災害」と称せられる東日本大震災と原発災害が、これまでの地震災害や津波災害と異なる最も大きな要因は、広域に及ぶ国土と海洋の放射能汚染にあります。また原発災害が地震災害や津波災害と大きく違うのは、ここ1年間での原発被災者集団訴訟の地方裁判所等での判決にもあるように、地震や津波による自然災害が原発被害をもたらすという予見性や回避可能性があったにもかかわらず、国および東京電力がそれへの対策を怠っていたという人為災害であることです。

原発事故はそもそも原発がなければ発生しないので、原発事故の淵源は、原子カの「軍事利用（原爆）」とともに「平和利用」を進め原発を世界に輸出するという米国の核戦略に求められます。日本はエネルギー安全保障を掲げ、日米原子力協定のもと米国からの技術支援により、他国にはあまり例のない海洋沿岸部での原発建設を進めました。原発を全廃するということは、プルトニウムの兵器利用を監視する国際機関の管理下に置かれており、国際政治的には容易ではありません。また電源三法交付金を膨大な原資とするエネルギー対策特別会計の利権に群がる「原子力ムラ」は国民が志向する「原子力に依存しない社会」の実現を政治経済的に阻んでいます。

　原発事故から7年経た時点でも約5万人の福島県民が避難生活を余儀なくされています。また、地震・津波による直接死よりも原発事故がもたらす長期避難生活による関連死の方が多くなっています。福島県では未だ避難指示区域を抱えていることや帰還する住民が少ないことから復旧や復興の遅れとともに跛行《はこう》性（釣合いがとれないまま物事が進行すること）が顕著に見られ、地域は人為的に一度破壊されるとその再生や復興は戦災と同様に極めて厳しいことが認識されなければなりません。私たちは被災者の意向を全面的に尊重して、その生活再建とともに地域再生を復興計画として進めなければなりません。

(1)　東日本大震災が提起した問題

【核の「平和利用」と国際同盟】

東日本大震災は原発災害に特徴づけられる複合災害であり、国際的な強い関心を呼びました(1)。脱原発への国際関係パラダイムの変化にかかわる論点は、震災をめぐる国際支援のなかに安全保障が深くかかわっていることの再認識にあります。

とくに米軍によるトモダチ作戦の展開と自衛隊による震災救助が、日本国民に非常に肯定的に受け止められたことであり、その後、米軍と地方自治体とが共同訓練を行うことを通じて、日米関係における日本の防衛政策や自衛隊のあり方に影響がみられました(2)。この動きはショックドクトリンの一つとして日本国憲法のとくに第9条を変更し、自衛隊を条文に明記するという改憲論議を後押ししています。

「核の平和利用」という原発戦略は潜在的な軍事利用領域と表裏一体であり、日米同盟（日米安全保障条約）・日米原子力同盟は、核兵器・核燃料サイクル・原発を三位一体として運用しています。また日本の原子力利用は、国際原子力機関（ＩＡＥＡ）を通じて原子力国際管理体制に組み込まれ、「原子力ムラ」の一端を担っており、このことが国民の意向である脱原発への動きを阻んでいます(3)。

政府は「直ちには影響しない」「想定外」「暫定基準」という言葉を発することで国民の信頼を失いました。低レベル放射線の健康影響の閾値にかかわる専門家間での見解の違いや、閾値なしととらえる子育て世代の強い要求によって、日本政府は内外部被ばくにかかわる「暫定基準」を変更せざるを得なくなり、その信頼性回復のために、「原子力ムラ」の一員である国際放射線防護委員会（ＩＣＲＰ）を活用しました(4)。

国際的な原子力政策への影響は一律ではなく、一方ではドイツ・スイス・台湾などが脱原発政策を強め、他方ではイギリス・米国・フランスは現状を維持し、ロシア・韓国・中国・インドなどは拡大を志向しています。日本はアメリカの「核の傘」のもと、その「平和利用」を梃に依然として原発再稼働や原発輸出政策を継続しています。政府の原発推進政策と国民世論の脱原発志向との間で明確な矛盾が表れています(5)。

【日本の政治過程と原発問題の争点隠し】

日本の政治過程では確かに復旧復興行政の仕組みに変化がありました(6)。阪神淡路大震災における復旧復興行政は20世紀後半の国土計画体制型であり、省庁間の水平調整メカニズムを通じて進められました。これに対して東日本大震災での復旧復興行政は内閣官房・内閣府主導の垂直型メカニズムで進んでいます。この垂直方式は「スピード感」を表明できますが、逆に省庁や東電の当事者意識や自主性が薄くなり、原発災害の責任主体が曖昧になりました。

原発事故は「原子力ムラ」(7)という閉鎖的な原子力「政財官学」の利益共同体への批判を高めました。日本の原子力政策は核武装論を内に秘めた「核の平和利用」という原発を推進する路線です(8)。「安全神話」が崩壊した後の2014年4月の「エネルギー基本計画」(9)においても原発依存度を下げようとしていません。日本のエネルギー政策は東日本大震災以前には「経済効率性の追求＋エネルギーセキュリティの確保＋環境への適合」を掲げ、事故後もこれに「安全・安心」を加えただけで、依然として原発を「重要なベースロード電源」と位置づけています。しかも原発エネルギーへの依存度の数値は明示されていません。

電力会社の利益を保証する総括原価方式や電源三法交付金制度により、消費者に電力料金徴収を通じて原子力賠償の資金源として電力料金への上乗せが行われています。電力会社の地域独占は電力の発電と送電の上下分離により崩れつつありますが、原発再稼働や原発新規立地を断念していません(10)。エネルギー特別会計を経由してステークホルダーのお金による囲い込みや原発推進政治同盟の維持が行われ、また立地自治体が原発再稼働に賛成せざるを得ない仕組みとしての原発立地交付金制度も変わっていません(11)。

原発事故後であっても、経済成長のために原発再稼働をという主張が推進路線者から依然として根強く出されています(12)。その主張の根拠は原発低コスト論です。しかしこの論拠はエネルギー・環境会議コスト等検証委員会の試算(13)において破綻し、しかも世論の支持を失っています[14]。にもかかわらず「経済産業省は国のエネルギー基本計画の見直しに着手する。将来の原子力発電所の新増設や建て替えの必要性の明記を検討する」[15]としています。

原発再稼働の是非を問うことができたはずの各種選挙においても、なぜか政治の争点からはずされてしまいました。国政レベルでは国会における衆参議院の与野党のねじれ状態のなかで、原発政策の争点隠しが政治的妥協として行われました。それは国会におけるねじれ状態のなかで主導権争いのために復興基本法の成立が遅れてしまい、その政治的責任を与野党ともに回避することを第一義とした結果、政党レベルでの原発政策に関する主張の違いが縮小してしまいました。

また、震災後（２０１４年11月）に行われた福島県知事選挙においては、国政野党であっても県知事与党になれば県政に大きな影響をもたらすことができるという、奇妙な「与野党相乗り」が生まれました。このことが主要候補者間で「脱原発」についての奇妙な合意争点化[16]を生み、廃炉や除染、帰還困難区域の今後などに関する政治の場での議論の機会が失われ、低投票率で終わりました。この低投票率は基本理念の第一に「原子力に依存しない社会」を掲げた『福島県復興ビジョン』が提起するエネルギー選択における脱原発戦略の議論を深める機会を失わせました。こういった政治過程は、国民世論が脱原発姿勢を示しているにもかかわらず、福島県以外の原発に再稼働への道を開いてしまっただけでなく、フクシマの被害そのものが局所化されていく道を開いてしまいました[17]。

（2）「想定外」を繰り返さないために必要なこと

【リスク・ミュニケーションからクライシス・コミュニケーションへ】

「原発安全神話」はゼロ・リスク論として成立していました。そのゼロ・リスクを担保したのが放射性物質放出防止のための多重障壁論であり、それは多段の安全対策の用意と各段の当該の段だけでも安全を確保するという意識とによって構成される深層防護の考え方に従っています[18]。それは原子炉の「多重障壁の安全神話」のみならず、ERSSやSPEEDI等の予測システム、オフサイトセンターなどが機能するという「システムの安全神話」、そしてそれらを前提として策定された机上の「防災計画（原子力災害対策編）」、具体的に社会実験として検証されなかった「避難計画」、自治体との間で締結されたものの電力会社の隠ぺい体質[19]により実地検証が不可能な「原子力安全協定」などからなる「制度の安全神話」が構築されていました[20]。こうした安全神話は原子炉の下を通る活断層の認定のあり方にまで及んでいました[21]。

「安全神話」が東日本大震災を契機とする原子炉の破壊によって信頼を失うと、これに代わるものとして「リスクコミュニケーション」論が急浮上しました。しかしリスクコミュニケーション論は原発事故災害による放射線の低線量被ばくにおける閾値あり論と結びつくことによって、すなわちリスクは回避することが可能であると主張することによって、国民の信頼性は得られませんでした[22]。それはリスク論が客体的には確率論に基づいているものの、被災者の側に立ったリスク論ではなかったからです。個人にとっての主体的関心は、自分が癌になるなどの健康被害が出るか否かといった二者択一的にあるからです。

東日本大震災を契機として新登場したのが、クライシス・コミュニケーション論です。クライシス・コミュニケーションは、原子力災害にかかわり五感で感じることができない放射性物質もしくは放射線に対して人々が危険性を認識できる可能性を高めるためには、正しい情報提供が重要であるという認識に基づいています。クライシス・コミュニケーションのあり方は「最悪のケース」から「最良のケース」までの複数の可能性について、判断基準となる事象や数値とともに率直に伝えなければなりません。それなくして「直ちに影響はない」とか「想定外である」とか「暫定基準値である」とかの発言は、被災者の当局者への信頼感を不信感へと転換させてしまいます。現実に炉心溶融と水素爆発、そして避難指示の発令という「最悪のケース」で事態は進んでしまいました。リスクをガバナンスできていなかったのです[23]。しかし、クライシス・コミュニケーションは「最悪のケース」を提示するとはいえ、その責任を被災者になすりつけかねない問題をもっています。それがハザードマップであったとしても。

【自治体災害対応と法制度の変化】

日本では災害は繰り返し起きており、災害救助は「災害救助法」（制定1947年10月18日、最終改正2014年5月30日）に基づいて進められてきました。災害救助の原則は、①平等の原則、②必要即応の原則、③現物支給の原則、④現在救助の原則、⑤職権救助の原則、の5つです。しかし東日本大震災の救助にかかわる深刻な問題をうけて、兵庫県震災復興研究センターは7次にわたる改善提言を行い[24]、新たに災害救助6原則、すなわち①人命救助の原則、②柔軟性の原則、③生活再建継承の原則、④救助費国庫負担の原則、⑤自治体基本責務の原則、⑥被災者中心の原則などを打ち出し、その転換を求めています[25]。

救助から生活再建に移行する段階では、とくに住宅再建が重要です。これは「被災者生活再建支援法」（制定1998年5月22日、最終改正2011年8月30日）による「復興基金」を活用して対応されるようになりました。これら2つの法律は東日本大震災を受けて改正され、原発事故による避難世帯にも適用されることになりました[26]。

東日本大震災で新たに制定された法律の1つが「東京電力原子力事故により被災した子どもをはじめとする住民等の生活を守り支えるための被災者の生活支援等に関する施策の推進に関する法律（2012年6月27日制定）（子ども被災者支援法）」です。この子ども被災者支援法は、放射線被ばくへの被災者の不安を解消し安定した生活を実現するには、包括的な支援策が必要であるとの認識から、「対象地域内で生活する者」には就学援助や食の安全・安心確保、自然体験活動などを、「避難先で生活する者」には住宅の確保や学習支援、就業支援などを、「対象地域に帰還する者」には住宅の確保や就業支援を、そしてこれらの者全員に対して健康診断を、それぞれ支援するものです。

もうひとつが「東日本大震災における原子力発電所の事故による災害に対処するための避難住民に係る事務処理の特例及び住所移転者に係る措置に関する法律」（２０１１年８月12日施行）（原発避難者特例法）です。原発避難者特例法の特徴は、「住民」と「非住民」との間に、「特例的住民」および「特例的非住民」という２つの新たな法カテゴリーをつくったことです。これにより住民票の避難先への届け出をしない、すなわち不作為によって避難元市町村の住民であり続けたいという思いを表明している避難住民に対し、避難先自治体から行政サービスを提供できるようにしたものです。これは帰還したいという思いをもつ避難者が避難の長期化とともにその思いが減退していくのを食い止め、帰還したいという思いをより強化する効果を狙っています(27)。

しかし原発避難者特例法が当初期待したこととは異なり、帰還の選択をしないあるいはその意思表示をしない避難者が依然として多くいる状態が続いています。避難継続の理由は汚染水問題を含めた原発事故未収束や放射線被ばくの健康影響への危惧から、少しずつインフラ環境や医療・介護・福祉・買物などの生活環境の不十分さへとその軸足を移してきています。また仮設住宅補助が打ち切られることで、どこに生活の拠点を置くのかの選択肢が次第に狭められてきていきます。日本学術会議は原発避難者特例法の理念を現実として活かす方向で、帰還か移住かという二者択一の選択を避難者に迫るのではなく、「待機」という第3の道も用意すべきであるとして、「東京電力福島第一原子力発電所事故による長期避難者の暮らしと住まいの再建に関する提言」[28]（2014年9月30日）や「東日本大震災に伴う原発避難者の住民としての地位に関する提言」[29]（2017年9月29日）などを行っています。

自然災害を想定した災害救助から生活再建に至る一連の被災者支援の法律は、阪神淡路大震災を契機として創設され、逐次改訂されてきました。しかし東日本大震災はその被害規模の大きさや広域性だけでなく、原子力事故という未曾有の被害をもたらしており、憲法で保障されている被災者の基本的人権を守るべく、新たな法律が求められます。しかしチェルノブイリ法[30]に相当する「原子力災害基本法」や「脱原子力政策大綱」[31]が策定される見通しは出てきていません。

（3）復興計画づくりはどのように進めるべきか

自治体間の防災協定等に基づく対口（ペアリング）支援は発災直後から取り組まれました。水平的調整として自治体間で比較的スムーズに進みました。しかし交通の便とかマスメディアへの露出の程度多い被災地ほど支援が集まるという偏在性が見られ、この遍在性を克服するためには広域的な自治体人事データベース構築が求められます。また復興計画の策定手法は従前の審議会方式であったものの、「生活者支援」や「生活再建」という理念の下でハードの復旧事業にとどまらないソフトを含んだ復興事業が増加しました。委員の公募や住民参加型のワークショップや地区単位での懇談会の開催など、多くの住民の意向を踏まえた復興計画の設計を試みる市町村もありました。

たとえば南相馬市・伊達市・須賀川市・白河市・川内村などでは公募の肩書きをもつ委員が参加し、その積極的な議論を通じて、事務局が用意した案が大幅に修正されるなど民主主義的な市民協働による復興まちづくり計画が生まれました(32)。また福島県富岡町(33)では住民の声から導出された3つの「長期シナリオ」と「シャドープラン」が研究者・避難住民・役場職員の協働作業を通じて取りまとめられました。とくに放射能汚染問題もあり、その他の市町村でもこれまでになく住民の意見を積極的に取り入れる姿勢がみられました。しかし復興ビジョンや復興計画の理念が国の「早期帰還プラン」や復旧復興の個別事業のなかにどのように反映されているのか、社会的なモニタリングが必要です(34)。社会的モニタリングの必要は福島県レベルでいえば、住民は小規模な生業や雇用の再生を望んでいるにもかかわらず、国・県レベルではロボットフィールドの建設など大規模なイノベーション・コースト構想が推進されているからです。

生活者支援の柱である住宅保障については、被災者数が多いこともあって、従前の建設型仮設住宅だけではなく、借上型仮設住宅も「見なし」として国から認められました。しかし建設型仮設住宅は法令的には2年が目途であり、その住居環境も劣悪であるにもかかわらず、すでに7年目の仮設住宅生活を余儀なくされている避難者が多くいます[35]。住宅供給だけではなく応急的避難から本設住宅供給までを一連のまとまりとしてとらえ、被災者の生活再建と持続可能な地域社会のあり方という観点を併せ持つ制度的かつ組織的対応が求められます。また生活再建支援から住宅再建支援への転換を図るためには、住宅地震災害共済制度の導入が必要です。

東日本大震災の行政組織としての教訓の1つは、発災直後の自衛隊・警察・消防という質量ともに十分な人材に拠って支えられる行政機構や自治体間の水平的な行政支援がじつは最大の「保険」であることがわかったことです。その有効性だけでなく、サプライチェーンの確保の重要性が認識されたことから、災害対策基本法が一部改正（2013年6月）され自治体と企業との災害協定が各地で結ばれるようになりました。また、がれき処理における地元建設業者の果たした積極的な役割からでもわかるように、復旧復興における地元企業の重要性が再認識されています。

5.4

大震災の起きない都市を目指して

和田　章・東畑　郁生・田村　和夫
WADA Akira, TOWHATA Ikuo, TAMURA Kazuo

【論　点】

我が国では、経済的な効率や豊かな生活を求めて、都市に多くの人々や組織が集まってきています。大きな都市は人口が多いだけでなく、非常に高密度に建物や機能が集中し、これらが複雑に相互に関係し合い、効率の高い社会システムをつくりあげています。現状の都市は、大地震などの大きな外乱に対する抵抗力は十分でなく、大地震を受けるとこれらの社会システムは一気に崩れ、悲惨かつ甚大な震災が起こりうる状況です。たとえば、地震後の火災から複数の箇所で車が燃え、大渋滞の車に次々に燃え移り、都市全体の大火災に広がるなど、これまでの経験にない異なる様相の震災にいたる可能性もあります。

大地震時の人々の安全確保に加え、地震後の人々の生活や社会の活動の低下を防ぎ、これを維持するためには、ハード的対策とソフト的対策を組み合わせた事前の対策を着実に進めることが必須です。

営々と築かれてきた都市と社会を一朝一夕に変えることはできず、すべての事前の対策について行動を起こすのは容易ではありませんが、震災を受けてからの対応だけでなく、将来の都市構成を見通したなかで災害を極力減じるための抜本的で具体的な活動を、個人・家族・企業・自治体・国は、それぞれ推進し、さらに協力して推進すべきです。

日本学術会議は、以上の趣旨で２０１７年８月に提言「大震災の起きない都市を目指して」を発表しました(1)。本節はこれをもとにまとめたものです。

（1）背景

我が国は首都をはじめとする大きな都市に極端に人、財産、および機能が集中し、近い将来の大地震発生が予測されているなかで、震災の危険性はますます高まっています。たとえば、中央防災会議の報告によれば、マグニチュード7クラスの首都直下地震が起きると、揺れと火災により2万人を超える人々が亡くなり、帰宅困難者は800万人、61万棟の建物が倒壊・延焼し、被害金額は直接被害と生産・サービス低下被害を合わせて、我が国の一般会計予算に匹敵する95兆円に上るといわれています(2・3)。

このように、巨大にふくれあがった都市で大災害が発生すると、周辺の都市からの支援能力だけでなく我が国の対応能力を超えてしまう可能性があり、事前の対策が必須です。営々と築かれてきた都市と社会を一朝一夕に変えることはできず、すべての対策について行動を起こすのは容易ではありませんが、震災を受けてからの対応だけでなく、将来の都市構成を見通したなかで災害を極力減じるための抜本的で具体的な活動を、個人・家族・企業・自治体・国は、それぞれ推進し、さらに協力して推進すべきです。

このような考えのもと、日本学術会議の第23期に土木工学・建築学委員会のもとに「大地震に対する大都市の防災・減災分科会」が設けられ、その活動成果をふまえて、提言「大震災の起きない都市を目指して」(1)が２０１７年８月に日本学術会議から発表されました。

なお、この提言は同９月に中国語訳も発表されています(4)。中国や東南アジアには大地震の発生が危惧されており、人口の密集した大きな都市が多く、中国語を用いる方が多いので、中国語に翻訳されたのです。

（２）現状および問題点

我が国では、経済的な効率や豊かな生活を求めて、都市に多くの人々や組織が集まってきています。大きな都市には、非常に高密度に建物や機能が集中し、これらが複雑に相互に関係し合い、効率の高い社会システムをつくりあげています。現状の都市は、大地震などの大きな外乱に対する抵抗力は十分でなく、大地震を受けるとこれらの社会システムは一気に崩れ、悲惨かつ甚大な震災が起こりうると考えられています。たとえば、地震後の火災から複数の箇所で車が燃え、大渋滞の車に次々に燃え移り、都市全体の大火災に広がるなど、これまでの経験にない異なる様相の震災にいたる可能性もあります。

自然現象をすべて人間の力で抑えることは不可能ですから、震災後の対策も必要です。しかし、大地震時の人々の安全確保に加え、地震後の人々の生活や社会の活動の低下を防ぎ、維持するためには、ハード的対策とソフト的対策を組み合わせた事前の対策を着実に進めることが必要です。

（3）日本学術会議提言「大震災の起きない都市を目指して」

【最新の科学的知見にもとづき、想像力を広げた熟考】

発生頻度は低いものの甚大な被害を及ぼす地震を対象に、津波・高潮・火災・豪雨などとの複合災害も含め、最新の科学的知見にもとづき想像力を広げて熟考し、可能性のある事象を想定して大震災の起きない都市の構築を目指すべきです。さらに、これらの想定は完全とはいえず、自然への畏怖の念を忘れず、繰返して見直すことが重要です。

【居住、活動のための適地の選択】

人々の居住、活動の場所は、地域における地震動の増幅性や過去の災害履歴などを踏まえて災害脆弱性を正しく認識し、より安全な場所を選択すべきで、被災ポテンシャルの高い地域から低い地域へと居住地・活動域を移すこともも考えるべきことです。

【都市地震係数の採用】

大震災発生時の社会的影響度が高い我が国の大きな都市では、建物やインフラの耐震性を他の一般地域のものより高めるために「都市地震係数」を導入すべきです。

【土木構造物・建築物の耐震性確保策の推進】

現存する耐震性の劣る土木構造物・ライフライン・建築物・古い木造住宅などの耐震性の向上を図るべきです。新築でもとくに木造住宅については、個々の設計・施工に最新の知識が生かされる確かな仕組みをつくる必要があります。

【人口集中、機能集中の緩和】

災害リスクの分散により日本の持続可能性を高めるとともに、東京一極集中による過密の不経済や地方の活性化に対処していくために、大きな都市への過度な人口集中・機能集中を是正するための国土計画をたて、これを実現していくべきです。

【留まれる社会、逃げ込めるまちの構築】

地盤・構造物の耐震化対策を進め、災害時に建物のなかに留まることができ、人々が生き続けられるまちを構築すべきです。このようなまちはすぐには構築できませんが、救命・緊急輸送道路や避難場所を確保し、命を守るライフラインを災害時に確保するため平常時から整備を進めることも必要です。

【情報通信技術の強靭化と有効な利活用】

通信・情報システムを災害時に発信規制を起こさせず有効に機能させるために、通信容量の拡大、バッテリーの長時間化、機器の平常時の利用が連続して被災時にも利用可能とするなど、非常時の対応力を強化するとともに、データ処理技術を進展させ、災害発生直後の迅速な対処のための準備を進めるべきです。

【大地震後への準備と行動】

震災時の社会経済的な損失軽減を目的とした自助・共助・公助による対策を実効あるものにするために、地域特性に即した防災教育を学校や社会に取り入れ、公的な主体と民間企業、地域住民が平時から適切な協力関係を確立できるような活動を行うべきです。このとき、震災を知らず言葉も通じにくい外国人への準備と対応も必要です。

【耐震構造の進展と適用】

我が国の耐震技術をさらに進展させつつ、これを適切に適用するとともに、従来の設計では想定していなかった事象に対しても、構造物あるいはそれを含む全体システムが破滅的な状況に陥らないような方法と仕組の研究開発と実用化を進めるべきです。

【国内外の震災から学ぶ、国際協力、知見や行動の共有】

都市の構成、構造物のつくり方、交通網や通信網の構築など、世界各国に共通点のある防災に関する知見を活かして、国内外の災害をなくす努力を続けるべきです。

【専門を超える視野を持って行動する努力】

都市の防災・減災対策に向け、理工系だけでなく、人文・社会・経済・医療なども含めた多くの分野が、それぞれの専門分野の枠をこえて総合的かつ持続的に取り組むべきです。またこのために、異なる分野間の平常時における情報共有や交流を活発化させるべきです。この趣旨に沿い日本学術会議を要にして防災減災・災害復興にかかわる56の学会が集まる「防災学術連携体」の活動に大いに期待します(5)。

(4) 提言の意義

高温高圧の地球内部と地表から宇宙への熱放射による冷却が原動力となって生じるマントルの対流に乗って動く複数の地殻の複雑な動きが原因となって起こる地震は、プレートテクトニクス原理で説明（図1）され、1960年代に世界の研究者に認知されてきました。各地の地震は運が悪くて起こるのではなく、遥か昔から未来に向かって、人間の寿命を超えるような長い間隔で必ず起きることがはっきりしてきました。大地震だけでなく、これにともなって生じる大津波を受けて、地球上に暮らす人々、村やまち、そして都市は大きな影響を受けます。18世紀にイギリスで始まった産業革命以降、飛躍的に進んだ科学・技術によって便利で豊かな社会はつくられてきましたが、地震と津波による災害は今世紀になってもな

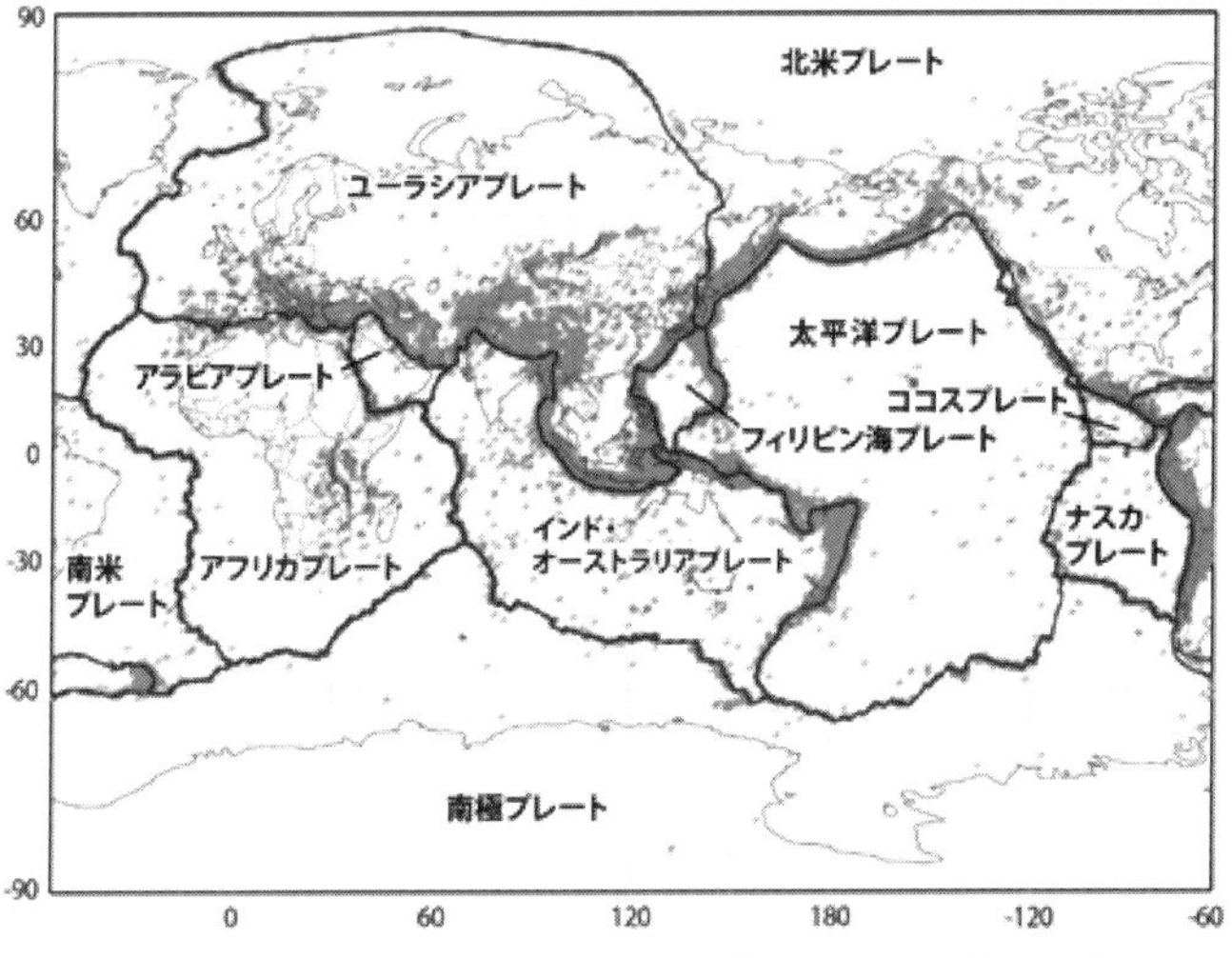

図1　世界の主なプレートと地震の分布

出典：気象庁 HP　http://www.data.jma.go.jp/svd/eqev/data/jishin/about_eq.html

お止まっていません。一方で科学・技術の未熟さと進み過ぎが災害を大きくしていることもあります。

戦後に設立された日本学術会議は、人々が安心して暮らせる安全な国土と社会を構築することにおいても大きな役割を持ち、国内に生じた大きな地震災害のたびに重要な提言を発表し、これに応えて産官学は研究開発を進め、徐々にではありますが同じ災害は起きないようにとの努力を続けてきました。ただ、この長い年月の間に社会は多様に変化しており、次に襲ってくる地震や津波に対して、日本の各地の対策が十分であるとは言い難いです。

本提言は、人、情報、富、資産の集まる大きな都市に注目して、大地震による災害を極力減じ、将来的には大震災が起きない社会の実現を目指してまとめたものです。

（5）地震と震災

地球上には永遠に作用し続ける重力加速度があり、社会は地

写真1　沿岸に建設される超高層ビル
東京都大川端地区．写真：田村和夫．

表に構築され、重力に耐えられるようにつくられて安定を保ち、ここで人々の生活、社会の活動は行われます。地震が起こると、もつれた糸のような軌跡を描いて地盤が複雑に動き、長く保たれていた社会の安定が壊されます。記録によると、最大加速度は重力加速度を上回り、最大速度は１ｍ毎秒を超え、断層が地表に現れ、最終変位は数ｍに達することもあります。揺れの継続時間は10分近くになることもあり、地震の破壊力は凄まじいです。

結果として、軟弱地盤・埋立地盤などの支持力低下と移動・沈下、土木構造物の崩壊、建築物の崩壊、外壁・天井など非構造部材の落下などが起こります。発電所や化学プラントが壊れ、交通網が破壊、混乱し、電気が止まり、高度・高密度な通信網も物理的に壊れるだけでなく錯綜を防ぐために自由な通信が制限され、ガスや上下水道などにも大きな障害が生じ、ほとんどの人々が注意を払っていない下水施設が破壊されることもあります。大地震のあとには大津波が起こることがあり、高潮や豪雨が重なれば都市は冠水し、山地が土砂崩れを起こすなど、震災は複合的な災害になりうることです。

残念なことですが、抵抗力を失い重力を支えられなくなった構造物は崩落し、その下敷きになって多くの人々の命が奪われます。壊れた建築物は延焼しやすくなり、複数の出火が起きると大規模な都市火災に発展しかねず、逃げ遅れて命を失う人々も多くなります。高層建築は、内部の限られた階で起こる火事を想定して耐火性・避難計画を考えていますが、大きく揺れて外装が損傷を受けた高層建築が都市火災のなかで耐えられるとは限りません。亡くなる人の何倍もの数の人々が大怪我・大火傷を負います。これらの人々の救援活動だけでなく、緊急医療など、地震後の活動には多くの人々が動員されます。しかし、狭小道路や都市施設の破壊により、救急車、消防自動車や重機が容易に近づけないこともあり、瓦礫のなかから救出されることは少ないでしょう。家族や友人を失った人々には言い尽くせない悲しみが残り、住む家を失った人々には避難生活、仮設住宅への入居など、辛い生活が続きます。

道路網や鉄道にも大きな損傷が起こり、人々の移動だけでなく、食料品、衣料、医薬品などの物資の輸送にも大きな支障が生じ、大きな都市の活動は止まってしまいます。建築物が崩落しなくても、建築基準法の基準を満足しただけの建物は大きな損傷を受け、２０１１年クライストチャーチ地震や２０１６年熊本地震のあとのように、住宅、集合住宅、学校、会社、工場や公共建築などが入居不能・使用不能になり、取り壊しになることもあります。大きな都市の大震災からの復旧・復興は容易ではなく、多くの人々が他の都市や地方に移住しなければならなくなることもあります。

写真２　熊本地震で地表に現れた断層
写真：三宅弘恵.

（6）大きな都市の震災

ある地区に注目したとき、大地震が起こる間隔は、世代をいくつも超えるほど長くなります。地震災害がなく、安定した状態が長く続けば続くほど、人々や社会の要求により、災害対策を十分に考慮しないまま、都市が開発されてしまいがちであり、地震が起こると災害は激化します。

写真 3　兵庫県南部地震時の護岸の側方流動　写真：東畑郁生.

写真 4　兵庫県南部地震後，無料の公衆電話で家族の安否の確認
提供：朝日新聞社.

写真 5　兵庫県南部地震で倒壊した建物：小野徹郎.

大きな都市の場合の問題は、過去の地震時にはなかったような大きな構造物が林立し、交通網が整備され、人々の生活や社会の活動がますます効率よく活発になり、人口や財産、機能が大きな都市に集まっています。この都市・社会が、大きな揺れによって一度に安定を失い、都市の活動が機能不全になることを覚悟しなければなりません。都市の規模が大きく機能が過度に集中している場合は、大震災の規模はますます甚大になります。

地震発生の時期（季節、休日・週日、通勤時間・深夜などの時間帯）によっても様子は異なります。大きな都市は人口が多いだけでなく、移動中の人々も多いです。すべての人々が建物のなかにいるわけではないので、地震後には安全な建物のなかに留まるという方法だけでは十分な対策とはいえません。日中には家族一人ひとりは別のところで活動して

写真6　1923年関東大震災の都市大火
提供：朝日新聞社.

おり、地震後には安全確保、安否確認などのために、通常とは異なる大きな人々の動きが生じやすいです。長時間の交通渋滞が生じ、道路上に乗り捨てられる車が増えると道路網は完全に麻痺します。

中小都市の震災の場合は、直後の救出、救援、復旧、復興などについて、他の多くの都市や国民からの支援を受けられますが、大きな都市が震災を受けた場合は、周辺の中小都市からの支援に過大な期待は持てません。これらの大きな都市の活動は、通常から全国の都市や農村に支えられて成り立っていることも忘れてはなりません。周辺の都市や農村も同時に震災を受けることもあり、電力網・交通網などのネットワークが破壊されて、都市内に電気、食料・水などの配給ができなくなることもあります。このようにして都市の活動が滞り、機能が失われると、とくに大きな都市の場合は国の政治および経済活動を大きく担っているため、国の存続や経済の安定にも大きな影響を与えかねません。政府は２０１６（平成28）

→写真７　東日本大震災時の製油所の火災　提供：朝日新聞社.

↑写真８　兵庫県南部地震時の高速道路の倒壊　写真：高橋良和.

年3月に「首都直下地震における具体的な応急対策活動に関する計画」を発表し、首都が震度6強以上の地震に襲われた場合、消防・警察・自衛隊の計14万人の投入が必要としています。事後の応急対策は非常に大規模な活動になるでしょう(1)。

耐震設計は、地震動に関する理学研究および構造物の強さに関する工学研究の両面から進められてきましたが、今後は、大地震を受けて失う人命・財産・社会活動の大きさ、復旧・復興の規模を考慮して、都市の大きさに応じて構造物の耐震性を向上させる必要があります。

(7) 震災を軽減するために必要な弛まぬ努力

21世紀に入っても、国内外で大きな地震災害は続けて起こっています。震災は悲惨ですから総力を挙げて軽減する努力が必要です。1981年に大きく改正された我が国の建築基準法は、財産権は侵してはならないという日本国憲法第29条により建主に過大な要求はできず、数百年に一度の大地震を受けたときに建物が傾き、取り壊しになることを許容して

写真9　熊本地震の木造家屋の被害
写真：和田 章.

います。一方、国民の健康で文化的な生活を守るべきとする日本国憲法第25条に基づき、建物の倒壊を防ぎ人々の命を守ることを最優先にしています。しかし、人々の命を守ることができたとしても、建物や道路・鉄道が損傷を受けて使えない場合、震災後の救援、復旧、復興に要する労力・資金は甚大になります。

　新築の建築物や木造住宅の場合、建設費に占める基礎から柱・梁・壁などの構造体の建設に要する費用は全体の建設費の25％から30％程度であり、これらの構造体は重力に抵抗するために基本的に必要であり、耐震性確保に必要な構造費用はこのなかの一部です。重要なことは耐震設計の工夫や新しい技術の適用です。１９９５年阪神淡路大震災を契機に進んだ免震構造や制振構造などの新しい技術を用いれば、たとえば耐震性能を1.5倍にしたとしても、全建設費はほぼ同一から多くても３％程度の増加に抑えることが可能です。

写真10　2011年2月クライストチャーチ地震（ニュージーランド）の前後

上は地震前，下は地震後．写真：宮本英樹．

このように新築建築物に高い耐震性を持たせることは、阪神淡路大震災以降、官庁建物や多くの民間企業で行われています。建築物の寿命は60年とされていますが、欧米に比べ日本の建築物は早く壊されることが多く、東京の建築物の平均寿命は30年から45年程度といわれています。このことは世界に自慢できることではないですが、時期が来て建て替えなければならない建物を、上記のように新しい技術を用い、本来建て替えに必要とされる建設費用とほぼ同額で耐震性能の高い新築の建築に建て直していくことは、都市の耐震性向上のために非常に効果的です。

既存の建築物やインフラについても、耐震性向上のための工事は徐々に進んでいます。この対策がすべての既存構造物に施され、安全な都市が形成されていくことが期待されます。

本提言には、容易にできる行動だけでなく、長い年

写真 11　東日本大震災の避難所
帰宅難民に避難所として提供された青山学院館.
提供：朝日新聞社.

月を要する行動も述べています。さらに、大きな都市への集中など現在の社会の動きを見直すべきことも述べています。地道な活動であっても、少しずつより良い方向に向かうことが必要です。

（8）まとめ

「大震災の起きない都市を目指して」と題する提言をまとめ、説明を加えてきました。

自助として個人・家族、共助としてまちの人々・学校・企業、公助として市町村・都道府県・国には、大震災を起こさない都市を目指して、震災を軽減するための具体的な取り組みを弛まず続けることをお願いします。基本的に重要なことは、大地震の発生時に特別なことをしようとするのではなく、平常時の生活や社会の活動が発災後も極力連続的に動くことを目指して、日々努力して安全で安心なより良い社会を構築することです。

写真 12　東日本大震災で損傷した集合住宅
建築基準法を満たし人命は守ったが，損傷が多く（下写真），取り壊された．写真：真田靖士．

6 国際的議論と行動の展開 ——地球人間圏科学の貢献

寶　馨
TAKARA Kaoru

【論点】

ローマクラブによる「成長の限界」が1970年代初頭に報告されて以来、地球規模でさまざまな問題を世界各国で考えるようになりました。以後、国連人間環境会議（1992年、ストックホルム）、「持続可能な開発」が提唱された環境と開発に関する世界委員会報告書（1987年）、地球サミットと呼ばれる国連環境開発会議（1992年、2012年リオデジャネイロ）、持続可能な開発に関する世界首脳会議（2002年ヨハネスブルグ）、気候変動に関する国連枠組条約締結国会議（1994年以後）、世界水フォーラム（1997年以後）、国連防災世界会議（1994年横浜、2005年神戸、2015年仙台）などが次々と開催され、国際的議論がなされてきています。そして、議論だけではなく、各国、各人の具体的な行動が求められるようになってきました。

地球温暖化問題に代表されるように人間の行動が地球環境に影響を与え、地球環境がまた人間にさまざまな恩恵や被害を与えています。交通網、情報網が発達して一国の局地的な現象が世界に影響を与える時代となりました。その傾向は今後ますます強くなります。こうしたグローバルな時代に生きる我々は科学の成果をどのように活用できるでしょうか。また、科学はどのように貢献できるでしょうか。ここでは、長年にわたって国際的な議論がなされ、世界各国が合意した仙台防災枠組、持続可能な開発目標、気候変動に関するパリ合意を取り上げ、その意義を考察します。さらに、こうした国際的な合意に科学がどのようにかかわるのかについて論じます。

（1）防災に関する世界的な動向

いまから約30年前（１９８７年）に１９９０年代を『国際防災の十年』（ＩＤＮＤＲ）とすることが第42回国連総会で採択されました。この国際防災の十年の目的は、災害が発生する前に、災害被害を軽減するための取組を行うために国際社会の知見を結集させることでありました。すなわち、災害発生後の応急対応・復旧を中心とした取組から、災害発生前の事前の取組へと国際社会の関心をシフトさせ、とくに開発途上国における自然災害による被害を軽減することでありました(1)。

図1は、防災に関するグローバルな動向を示しています。１９８５年に災害救助調整官事務所の国連決議がなされ、１９８７年には国際防災の十年の決議がなされました。１９９２年にはリオデジャネイロで環境と開発に関する国連会議（いわゆる「地球サミット」）が行われました。この地球サミットは、その後２００２年、２０１２年にも行われ、Rio+10, Rio+20 と呼ばれています。

さて、ＩＤＮＤＲの期間には、１９９１年に国連人道問題局（ＤＨＡ）、１９９８年に国連人道問題調査事務所（ＯＣＨＡ）が開設され、１９９４年には、我が国が国連防災世界会議を横浜に誘致しました。この第１回の国連防災世界会議が行われた直後の１９９５年１月に阪神淡路大震災があり６千人以上の死者を出しました。

２００４年12月にはスマトラ沖地震とそれに伴うインド洋津波で23万人以上の犠牲者を数えました。この大災害は、すでに阪神淡路大震災から10年の節目に神戸で行うことを予定していた第２回の国連防災世界会議のまさに直前に起こったのです。第２回の国連防災世界会議では、兵庫行動枠組（ＨＦＡ）が２０１５年を目標年として策定されました。ＩＤＮＤＲの後継組織として設立された国連国際防災戦略事務所（UNISDR）がＨＦＡの実施をモニタリングし効果を上げる役割を担いました。

そして、その途上で東日本大震災（２０１１年３月）が発生し１万８千人以上の犠牲者を出しました。津波被害のあった東日本の中核都市である仙台において２０１５年に第３回の国連防災世界会議が開催され、２０３０年を目標年とする仙台防災枠組（SFDRR）を策定しました。

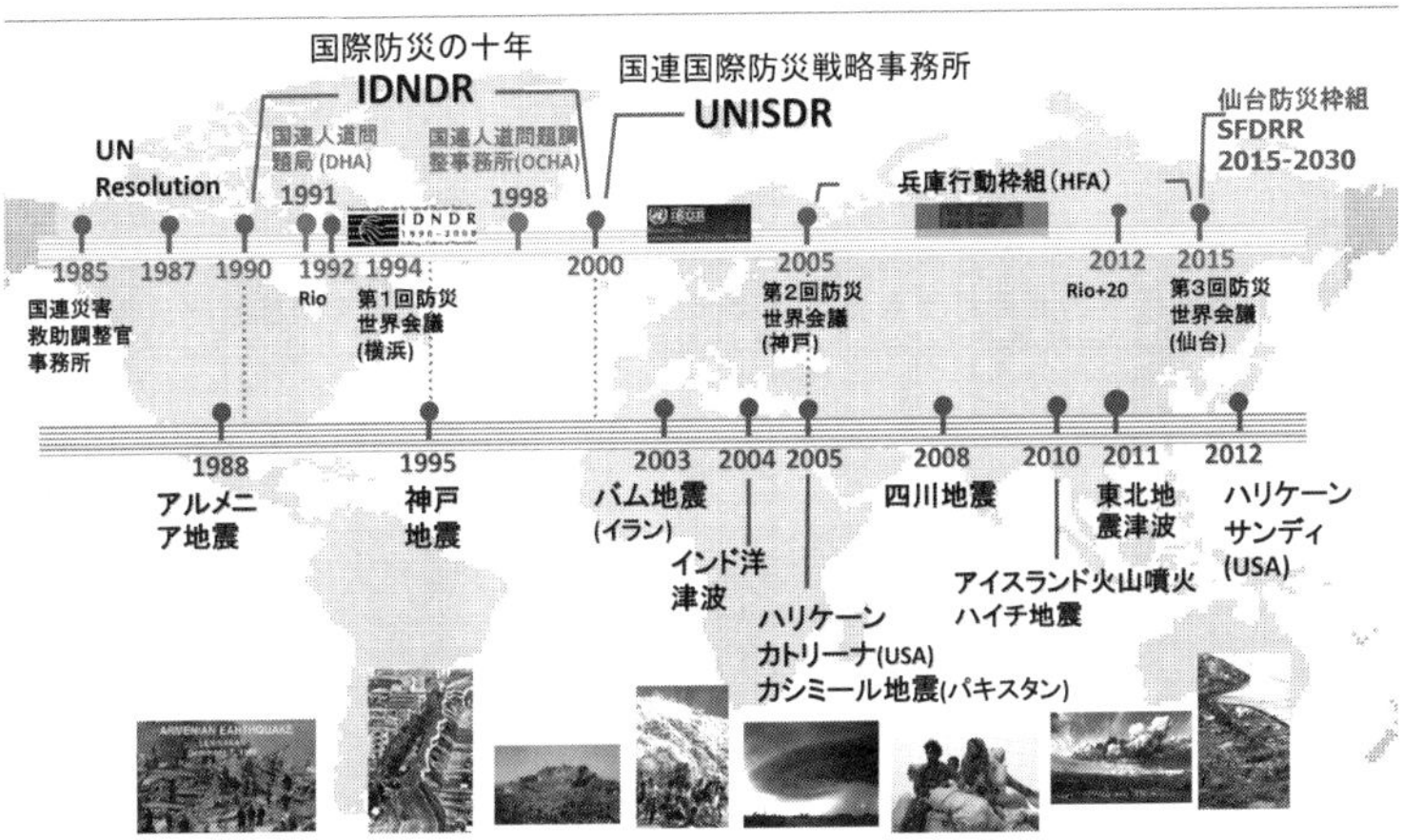

図１　防災に関する世界の動向

元ユネスコ Badaoui Rouhban 氏（2015）の図を筆者が改変.

（2）仙台防災枠組――災害リスクを理解し削減し備える

2015（平成27）年3月の国連防災世界会議において、仙台防災枠組 SFDRR 2015-2030 が採択されました。ここで提案された優先行動は、次の4つです（1）。

1　災害リスクの理解
2　災害リスクを管理する災害リスク・ガバナンスの強化
3　強靭性のための災害リスク削減への投資
4　効果的な災害対応への備えの向上と、復旧・復興過程における「より良い復興（Build Back Bette）」

では、「災害リスク」とは、一体どういうことでしょうか。説明のために、次のような概念式を用います。

$$DR = H \times E \times V / C$$

DR：災害リスク　H：災害事象（hazard）　E：暴露（exposure）
V：脆弱性（vulnerability）　C：対策（countermeasure）

この式は、次のように理解できます。災害事象Hたとえば台風や地震の規模が大きくなり頻度が高まるほどDRは大きくなります。無人島（住民や資産$E=0$）に台風が来ても$DR=0$、すなわち災害リスクはゼロということになります。被災しうる人口や資産Eが大きくなれば災害リスクは大きくなります。住民や居住地が災害に対して無防備であれば、その地域は脆弱性Vが高い、すなわち、災害リスクは大きいということになるのです。

一方、適切な対策Cを講じれば災害リスクは軽減できる、という意味で上式においてCは割算となっています。たとえば、洪水流量を減らすダム、より大きな水量に耐える堤防や防波堤のような構造物（structural measures）はハードな対策とも言われ、Hを軽減します。適切な都市計画や土地利用規制、ハザードマップ、早期警戒システムのようなソフトな対策（non-structural measures）はEやVを減らすことができます。

地球全体において温暖化は着々と進行しており、台風が強大化すると言われています。それに伴って豪雨、洪水、高潮、強風、土砂災害のリスクもますます高まることになります。豪雨•洪水•土砂災害の発生する場所は明確にわかっています。低平地、河川沿い、丘陵地の急傾斜地、渓流沿い、山裾の扇状地などです。これらの地域は、地価が比較的安いため、開発が進んで多くの住民が居住しています。

２０１４年８月20日未明の広島の豪雨・土砂災害では、92㎜、115㎜という時間雨量が続いた地区もあり、74人の死者を数える大災害となりました。前日から当日までの250㎜を超える豪雨のみならず、8月1日～18日までの間にも平年をはるかに上回る200㎜以上の降雨（先行降雨という）があったため、地盤が十分湿って緩んでいたことにも留意しなければなりません。災害事象の発生時のみならず、その前兆現象にも留意しておく必要があるのです。

災害のリスクを理解し、豪雨・洪水・土砂災害の発生する場所に住まないような政策、土地利用の規制が必要です。しかしながら、すでに長年居住し移転できない住居も少なくありません。その場合は、被災する可能性をハザードマップなどで把握しておくとともに、台風や豪雨に関する防災情報を適時的確に把握し、早期避難を心がけるなど、まず自らの生存を第一に考えなければなりません。このような場所での大災害の場合は、被災は避けられません。建物の被災後は、移転や建て方の工夫が必要なのです。

仙台防災枠組で提唱された4つの優先行動は、住民それぞれのみならず、地域ぐるみで対応していくべき要点です。

（3）地球環境および気候変動問題に関する世界的動向

ローマクラブによる「成長の限界」[3]が1972年に公表されたとき、世界各国は大きな衝撃を受けました。当時の人口増加、経済成長のままに任せていれば、地球上の限りある資源が枯渇し、人類が深刻な危機に直面するかもしれない、という警告が記述されていたからでした。それ以後、地球規模でさまざまな問題が世界的に議論されるようになりました。

まず、国連人間環境会議が１９７２年６月に、酸性雨や環境汚染の問題が顕在化していたスウェーデンのストックホルムで行われました。環境問題に関する世界で初めての政府間の会合で113カ国が参加しました。この会議では、初めての会議ということもあり、先進国と途上国との間で主張の食い違いがあったものの、両者が歩み寄り、「人間環境宣言」および「環境国際行動計画」が採択され、国連は、国連環境計画（ＵＮＥＰ）をその一つの機関として設立しました。ＵＮＥＰの本部はナイロビ（ケニア）に置くこととなりました。１９７７年には国連で初めての水に関する会議がマル・デル・プラタ（アルゼンチン）で開催され、１９８０年代を「水供給と衛生の国際十年」とすることになりました。１９８４年には滋賀県・大津市において第１回の世界湖沼会議が開催されています。

持続可能な開発（sustainable development）という考え方は、当時ノルウェー首相であったブルントラントが委員長を務めた「環境と開発に関する世界委員会」が１９８７年に公表した報告書「Our Common Future」の基本的な考え方として取り上げた概念です。環境と開発を互いに反するものではなく共存しうるものとしてとらえ、環境保全を考慮した節度ある開発が重要である、という考えに立っています。

この概念は、1992年6月リオデジャネイロ（ブラジル）での「地球サミット」と呼ばれる国連環境開発会議（UNCED）において、新しい開発のパラダイムとして提示され、長期的な開発の相互依存的・相互協力的な要素としての経済成長、社会開発、環境保全を総合的に取り扱うことの必要性がリオ宣言として合意されました。このリオ宣言に基づき、アジェンダ21（Agenda21）と呼ばれる「持続可能な開発のための人類の行動計画」が20世紀最大の世界的合意として採択されました。21世紀に向けた具体的な政策課題が40分野にわたり整理されるとともに、国だけでなく自治体や非政府組織（NGO）などの多様なセクターが政策決定に参画することの重要性も認識されました。また、生物多様性条約もこのUNCEDの主要な成果の一つです。

2002年8月から9月にかけて、持続可能な開発に関する世界首脳会議（WSSD）がヨハネスブルグ（南アフリカ）において開催されました。これは、地球サミットの10年後に相当する会議であるため「Rio+10」とも呼ばれます。持続可能な開発は、政策の決定や実施において多数の利害関係者（ステークホルダーと呼ばれる）参加型アプローチを必要としており、開発に向けて必要な公的・私的資源と、地球および人類の将来に関心のあるすべての社会的グループの知識・技術・エネルギーの投入を図る必要があるとされています（WSSDのNitin Desai事務局長による）。ヨハネスブルグサミットには、世界191カ国から閣僚級を含む政府関係者、NGO関係者など総勢２万１千人以上が参加し、国連史上最大規模と言われる会議となりました。地球サミットで採択されたアジェンダ21の見直しや、新たに生じた課題等について議論することを目的に行われました。採択されたヨハネスブルグ宣言は、人類発祥の地であるアフリカ大陸で開かれたこの会議から人類の将来に向けて、貧困撲滅と人類の発展につながる現実的で、目に見える（tangible な）計画を策定するために、確固たる取組を行う決意を宣言したものです。

この間に、世界人権会議におけるウィーン宣言および行動計画（１９９３年）、生物多様性条約締結国会議（１９９４年ナッソー（バハマ）以後）、気候変動に関する国連枠組条約締結国会議（１９９５年ベルリン以後）、国連防災世界会議（１９９４年横浜以後）、世界水フォーラム（１９９７年マラケシュ以降）、20世紀最後の国連総会における国連ミレニアム宣言（２０００年ニューヨーク）など次々と国際的な議論や合意がなされてきています。そして、議論や宣言だけではなく、各国、各人さらにはＮＧＯや民間企業なども含めた具体的な行動がこれらさまざまな分野で求められるようになってきました。

（4）気候変動枠組条約

これらのうち、気候変動に関する国連枠組条約（UNFCCC）は、１９９２年の地球サミットで採択された地球温暖化問題に関する国際的な枠組を設定した環境条約で、締結国会議（COP）が1995年以後毎年開かれています。特に、京都で開催された第3回会議（COP3）は日本が議長国となり、先進国の拘束力のある削減目標（2008～2012年の5年間で1990年に比べて日本がマイナス6％、米国はマイナス7％、EUがマイナス8％など）を明確に規定した「京都議定書」（Kyoto Protocol）に合意することに成功しました。これは、世界全体での温室効果ガス排出削減の大きな一歩を踏み出したことを意味します。しかしながら、先進国の足並みがそろわず、民主党クリントン‐ゴア政権のときには合意していた米国は、共和党ブッシュ大統領の時に京都議定書からの離脱を表明しました。中国やインドが入っていなかった京都議定書の有効性に疑問を呈しての離脱ですが、国内の経済界への配慮や対民主党といった政治的事情も大きく影響したようです。

2015年11月末から12月にかけてフランスを議長国としてパリで行われた第21回会議（COP21）では、196カ国が参加して「パリ協定」が合意されました(4)。今回の合意の要点は次のようです。

・**排出量抑制策の義務づけ**：2013年を基準として2030年を目標とした抑制量の達成に向けて、目標達成を義務づけるのではなく、目標達成のための政策をとることを義務づけ、各国が参加しやすいようにしました。ただし、着実な実施の状況を定期的（２０２０年から5年ごと）に報告することを義務づけています。

・**資金援助**：支援を必要とする国には、先進国に対して努力義務を課すとともに、経済状況が良くなってきた先進国以外の国からも他の途上国に対して自主的な経済支援を行うことを奨励することとしています。

・**長期目標**：パリ協定全体の目標として世界の平均気温上昇を産業革命前と比較して２℃未満に抑えること。さらには、気候変動に対して脆弱な国に配慮して、1.5℃以内の上昇に抑える努力をすること。世界全体の温室効果ガスの排出量を、21世紀後半に、生態系が吸収できる範囲に収める、すなわち、人間活動による排出量を実質的にゼロにすることを謳っています。

・**救済措置**：気候変動の影響に適応しきれず損失と被害（loos and damage）が発生した国々への救済を行う国際的枠組を整えること。

従来、気候変動問題については、先進国と途上国の間で、不公平感や経済的負担感が大きく、また、米国、中国、インドなどの排出量の大きい各国が参加していない、という問題がありました。コペンハーゲンで行われたＣＯＰ15においてはこうした状況を打破すべく、すべての国が参加することを目指し、京都議定書の後継案を策定しようとしましたが、失敗に終わりました。

　パリ協定（COP21）では、COP15での反省に立ち、すべての国が参加し、不公平感を極力抑える努力をし、1997年の京都議定書以来、18年ぶりに全世界での気候変動問題に関する枠組を策定することに成功したのです。米国は「シェールガス革命」と呼ばれる技術進歩によって天然ガスの価格が下がり政府の支援を得てきた再生可能エネルギーとともに石炭を代替するようになり二酸化炭素排出量が減っています。また、中国では、温暖化対策に貢献する太陽光パネルの生産に力を入れ、その生産において世界トップの位置を占めるようになりました。温暖化対策が、経済的負担ではなく、むしろ経済活動の活性化につながるように認識され、そのように各国が行動を起こすことができれば、こうした全世界的な合意が効果を発揮することになります。

　しかしながら、米国では、共和党トランプ大統領の就任以後、パリ協定離脱の動きが出てきました。全世界の二酸化炭素排出量の約15％を占める米国が離脱すると、目標達成が困難になる可能性があります。大国の短期的な意向が、全世界の長期的な合意に大いに失望を与えることになりかねないのです。

（5）持続可能な開発目標

仙台防災枠組、気候変動に関するパリ協定と同様に２０１５年に全世界でなされた最大の合意は、「我々の世界を変革する：持続可能な開発のための２０３０アジェンダ」です。一般には持続可能な開発目標(Sustainable Development Goals)と呼ばれます。SDGsと略記して「エス・ディー・ジーズ」と読みます。

20世紀の最後の国連総会（２０００年12月）で、国連ミレニアム宣言(5)が採択されました。その後、これに基づいて、２０１５年を目標年とするミレニアム開発目標（MDGs）が策定されました(5)。MDGs（エム・ディー・ジーズ）では、次の８つの目標が掲げられました。

1 極度の貧困と飢餓の撲滅
2 普遍的な初等教育の達成
3 ジェンダー平等の推進と女性の地位向上
4 乳幼児死亡率の削減
5 妊産婦の健康の改善
6 ＨＩＶ／エイズ、マラリア、その他の疾病のまん延防止
7 環境の持続可能性を確保
8 開発のためのグローバルなパートナーシップの推進

これらはいずれも人類の生存にとって重要な項目ばかりです。しかしながら、このなかには、水、エネルギー、災害、気候変動といった言葉が出てきません。

SDGsは、ミレニアム開発目標の後継（ポストMDGs）として提唱され、17の目標と169のターゲット（行動目標）が設定されました。「これらの目標とターゲットは、ミレニアム開発目標（MDGs）を基にして、ミレニアム開発目標が達成できなかったものを全うすることを目指すものである。これらは、すべての人々の人権を実現し、ジェンダー平等とすべての女性と女児の能力強化を達成することを目指す。これらの目標およびターゲットは、統合され不可分のものであり、持続可能な開発の三側面、すなわち経済、社会および環境の三側面を調和させるものである。」とその前文に記されています(6)。17の目標とその内容を表1に示します(7)。

MDGsでは、前述の8つの目標と21のターゲットを設定しておりました。シンプルで明快であったと言えますが、主として途上国に焦点を当てていたことと、水、エネルギー、気候変動、災害といったキーワードが明示されていないため、多くの人たちの関心を呼ぶことにおいては必ずしも成功しませんでした。また、国連の専門家が主導して策定されたものでした。

一方、SDGsの方は、17の目標と169の具体的なターゲットを設定しています。それらは、包摂的（inclusive）で互いに関連しています。途上国に限らず、すべての国、すべての人々を対象としています。この策定に当たっては、国連全加盟国で交渉して資金や技術と言った実施手段も考

表 1　持続可能な開発目標（SDGs）一覧[(7)]

目標 1	貧困	あらゆる場所のあらゆる形態の貧困を終わらせる．
目標 2	飢餓	飢餓を終わらせ，食料安全保障および栄養改善を実現し，持続可能な農業を促進する．
目標 3	保健	あらゆる年齢のすべての人々の健康的な生活を確保し，福祉を促進する．
目標 4	教育	すべての人に包摂的かつ公正な質の高い教育を確保し，生涯学習の機会を促進する．
目標 5	ジェンダー	ジェンダー平等を達成し，すべての女性および女児の能力強化を行う．
目標 6	水・衛生	すべての人々の水と衛生の利用可能性と持続可能な管理を確保する．
目標 7	エネルギー	すべての人々の，安価かつ信頼できる持続可能な近代的エネルギーへのアクセスを確保する
目標 8	経済成長と雇用	包摂的かつ持続可能な経済成長およびすべての人々の完全かつ生産的な雇用と働きがいのある人間らしい雇用（ディーセント・ワーク）を促進する．
目標 9	インフラ産業化，イノベーション	強靱（レジリエント）なインフラ構築，包摂的かつ持続可能な産業化の促進およびイノベーションの推進を図る．
目標 10	不平等	各国内および各国間の不平等を是正する．
目標 11	持続可能な都市・防災	包摂的で安全かつ強靱（レジリエント）で持続可能な都市および人間居住を実現する．
目標 12	持続可能な生産と消費	持続可能な生産消費形態を確保する．
目標 13	気候変動	気候変動およびその影響を軽減するための緊急対策を講じる．
目標 14	海洋資源	持続可能な開発のために海洋・海洋資源を保全し，持続可能な形で利用する．
目標 15	陸上生態系・生物多様性	陸域生態系の保護，回復，持続可能な利用の推進，持続可能な森林の経営，砂漠化への対処ならびに土地の劣化の阻止・回復および生物多様性の損失を阻止する．
目標 16	平和	持続可能な開発のための平和で包摂的な社会を促進し，すべての人々に司法へのアクセスを提供し，あらゆるレベルにおいて効果的で説明責任のある包摂的な制度を構築する．
目標 17	実施手段	持続可能な開発のための実施手段を強化し，グローバル・パートナーシップ（国際協力）を活性化する．

慮しながら策定されました。言い換えると、すべての国の目標、ユニバーサルな目標になっているのです。

目標9（インフラ、産業化、イノベーション）、目標11（持続可能な都市・防災）には、「強靭な（レジリエント）」という言葉が出てきます。これは、名詞としてはレジリエンス（resilience）またはレジリエンシー（resiliency）です。仙台防災枠組でも強調されているもので、いったん被災しても（あるいは好ましくない状況に陥っても）早い時期に回復することができる「しなやかな」、「弾力性（回復力）のある」、すなわち、「強靭な」インフラ（建造物、ライフライン）や都市のシステムをめざすことを意味しています。

防災分野では、従前は「壊れないこと」に主眼を置いてきました。しかしながら、大災害事象において100％壊れないということはありません。壊れても早期に回復できれば良い、壊れっぱなしでは復旧・復興できない、生活に長期に支障を来す、ということがあります。

レジリエンスとは、従来、「抵抗力」を主眼としてきた考え方から、さらに「回復力」も高める、という考え方です(8)。復旧・復興が速やかになされると、被害を極力減らすことができます。

アメリカの慈善事業団体であるロックフェラー財団は、２０１３年から２０１５年の3年間かけて世界の100都市を「レジリエント・シティ」として選びました(9)。日本では、富山市と京都市がレジリエント・シティに選ばれています。都市のレジリエンス（urban resilience）は生存および発展（surviving and thriving）のための重要なキーであるとして、このような活動が活発化してきています。超高齢社会で都市機能が高度化・複雑化している現代の都市のあり方を見直していこうという新しい動きであり、ちょうどSDGsとも良いタイミングで構想されたものであると言えます。

地球人間圏科学の事例として本書で取り扱った内容は、第1章で示したように、17の目標のうち目標2（飢餓）、目標6（水・衛生）、目標7（エネルギー）、目標11（持続可能な都市・防災）、目標13（気候変動）、目標14（海洋資源）、目標15（陸上生態系・生物多様性）のそれぞれに特に関連しています。

（6）持続可能な地球人間圏「おだやかで恵み豊かな地球」の実現のために

持続可能な開発目標（SDGs）、仙台防災枠組、パリ協定の目標年はいずれも２０３０年です。時間は限られています。これらの目標の達成可能性についていろいろな意見はありますが、全世界が合意した目標ですから、その実現に向けて行動を起こすことが重要です。これら三つの国際的な合意が互いに補完し合って、地球社会が持続可能で、各国、各人が生態系も含めて調和ある共存を実現するようにしていきたいものです。持続可能な地球人間圏とは、すなわち「おだやかで恵み豊かな地球」です。

地球人間圏科学は、その実現に向けてどのように貢献できるのでしょうか。SDGsが掲げる五つのP、すなわち人間（People）、地球（Planet）、繁栄（Prosperity）、平和（Peace）、パートナーシップ（Partnership）を手がかりに考察してみましょう。

人間：我々は、あらゆる形態および側面において貧困と飢餓に終止符を打ち、すべての人間が尊厳と平等の下に、そして健康な環境の下に、その持てる潜在能力を発揮することができることを確保することを決意する。

貧困により脆弱な土地に住居を構えざるを得ない人々が、自然災害によって被災し、あるいは、不衛生な環境のために健康を害し、さらに貧しくなります。そして、再び被災したり健康を害したりします。こうした貧困がさらに貧困をもたらすという悪循環、いわゆる「負のスパイラル」を断ち切り、プラスの方向に導くことが重要です。

本書では、気候変動とその影響、自然災害、土地利用、水管理、土壌と食料をとりあげました。水が適切に供給され管理されると、農業が安定化し衛生面も向上し、渇水や洪水、水質汚濁といった水災害も減少し、貧困や飢餓の撲滅につながります。脆弱な土地から人々を安全な土地に移動させることも必要です。こうした政策が科学的根拠を持って実現されることが重要であり、地球人間圏科学はその政策の基礎的・科学的情報を提供することができます。

地球：我々は、地球が現在および将来の世代の需要を支えることができるように、持続可能な消費および生産、天然資源の持続可能な管理ならびに気候変動に関する緊急の行動をとることを含めて、地球を破壊から守ることを決意する。

地球人間圏科学は、地球と人間との相互作用を取り扱います。地球のことを考える地球物理学、地球惑星科学といった分野では、地球の成り立ちから現在まで約46億年という長い歴史を背景として、地殻変動や気候変動、さらにはさまざまな天変地異を研究しています。このような長期的な視点からすれば、２０３０年という目標年は時間的にはたかがしれています。

気候変動に関する政府間パネル（ＩＰＣＣ）の報告書にあるように、気候変動研究が今世紀末（２１００年）までの気温変化を予測しています(10)。それは、いくつかの社会の行動シナリオに基づいているのですが、その行動は２０３０年までの決断に依存します。その決断・行動次第で将来気候が変わるのです。ここに「緊急の行動」と記されている理由があります。

パリ協定に合意した各国政府の適切な政策決定のために、資源開発やエネルギー政策を含む経済学的観点、次世代につけを回さないという世代間公平の観点を考えることも地球人間園科学の課題です。

繁栄：我々は、すべての人間が豊かで満たされた生活を享受することができること、また、経済的、社会的および技術的な進歩が自然との調和のうちに生じることを確保することを決意する。

地球人間圏科学では、生態系も重要な要素です。「自然との調和」の意味は、人間の営みが地球環境、とりわけ動植物や微生物を含む生態系に悪影響を与えないということです。開発や防災に関する大規模工事は、経済成長のため、社会の安全安心のため必要ではありますが、環境の保全にも最大限の配慮を払う必要があります。

自然に配慮した建設工法、炭素排出を極力抑えるエネルギー技術などの進歩についても地球人間圏の観点から考えていかねばなりません。こうした知恵を生み出すのは、既存の個別の学問分野ではなく、それらを統合した学際的なアプローチです。地球人間圏科学をそのような役割を果たす学問体系として確立していきたいものです。

平和：我々は、恐怖および暴力から自由であり、平和的、公正かつ包摂的な社会を育んでいくことを決意する。平和なくしては持続可能な開発はあり得ず、持続可能な開発なくして平和もあり得ない。

本書では、原子力の平和利用についても触れました。日本学術会議では「軍事的安全保障研究に関する声明」（2017年3月24日）を発表しました[11]。この声明に対して、学界はもとより、国会からメディアに至るまで各方面で反響がありました。それらの反響や意見については、インパクト・レポートとして日本学術会議のホームページに公開されています[12]。地球と人間の相互作用をあつかう地球人間圏科学は、地球社会の平和を希求する学問であるとも言えます。「おだやかで恵み豊かな地球」という本書のタイトルには、平和で安全安心な、素晴らしい地球が永遠に持続可能であるようにとの願いを込めています。

パートナーシップ：我々は、強化された地球規模の連帯の精神に基づき、最も貧しく最も脆弱な人々の必要に特別の焦点をあて、すべての国、すべてのステークホルダーおよびすべての人の参加を得て、再活性化された「持続可能な開発のためのグローバル・パートナーシップ」を通じてこのアジェンダを実施するに必要とされる手段を動員することを決意する。

持続可能な開発を目的に、国際的かつ学際的な共同研究がさらになされることが望まれます。国際科学会議（ＩＣＳＵ）は、１９８６年に地球圏―生物圏国際協同研究計画（ＩＧＢＰ）の開始を決議し、活動を続けてきました[13]。その他、世界気候研究計画（ＷＣＲＰ、１９８０年から）、生物多様性科学国際共同研究計画（DIVERSITAS, １９９０年から）、人間的側面国際研究計画（ＩＨＤＰ）などが開始されました。いずれも地球、生態系、人間を対象とした国際共同研究であり、その成果はＩＰＣＣなどの国際的なプラットフォームで活用され、また、世界的な科学者コミュニティーも形成されてきました。それらは、フューチャー・アース（Future Earth, ２００８年から）という新しい国際共同研究の枠組となっています。これらの経緯については、安成（本書の5.2に詳しく記されています。また、ＩＣＳＵ、国際社会科学評議会（ＩＳＳＣ）、国際防災戦略事務局（UNISDR）の合同で、災害リスク統合研究（ＩＲＤＲ、２００８年から）が発足しました[14]。

主要国首脳会議（Ｇ８）は、２００３年６月のエビアンサミットでは、13本の行動計画のなかに「水」や「持続可能な開発のための科学技術」を取り上げました[15]。水に関する国際共同科学事業としては、ユネスコと世界気象機関（ＷＭＯ）が実施してきた国際水文の十年（ＩＨＤ、１９６５～１９７４年）、それに引き続くユネスコの国際水文学計画（ＩＨＰ、１９７５年から）、ＷＭＯの水文水資源研究計画（ＨＷＲＰ、１９７５年当初は実用水文学計画ＯＨＰと称していた）があります。

人工衛星等を活用した地球観測も手段として重要です。エビアンサミットでは、全球観測についての国際協力の強化が呼びかけられました。統合地球観測戦略（ＩＧＯＳ、１９９６年から）、地球観測衛星委員会（ＣＥＯＳ）などの活動が、現在は、地球観測に関する政府間会合（ＧＥＯ）に引き継がれています。ＧＥＯでは、戦略計画 2016-2025 を策定し、そのビジョン・ミッションを「人類の利益のための意思決定や行動が、調整された、包括的かつ持続的な地球観測および情報に基づいて行われる将来を実現する。そのため、ＧＥＯは全球地球観測システム（ＧＥＯＳＳ）を構築し、地球観測データおよび情報の需要と供給を結びつける。」としています。

２０１５年以降のそれぞれの国際共同研究活動は、持続可能な開発目標（SDGs）を強く意識して行われるようになりました。その研究成果を、政策や人々の行動の変革に生かせるように、そしてそのことが、よりよい「おだやかで恵み豊かな地球」の構築に貢献することを望んでいます。

ローマクラブの成長の限界[3]の著者のひとりであったヨルゲンランダースが２０５２年のグローバル予測をした著書をまとめました[16]。ただし、この著書は、２０１２年に出版されたものです。２０１５年に策定されたSDGs、パリ協定、仙台防災枠組にもその考え方が影響を与えているかもしれません。いずれにせよ、示唆に富む内容ではありません。その他にも２０５０年頃を想定した書物がいくつもあります[17・18・19・20]。本書を読まれたみなさんは、これらを手に取ってみて、自らの行動の参考にするのも有益ではないでしょうか。

おわりに

「地球環境の持続可能性（サステイナビリティ）や災害に対するしなやかな対応力（レジリエンス）を高めたい」。その目標を本書では「おだやかで恵み豊かな地球」の実現と呼び変えてみました。災害の激化や資源の枯渇といった危機に対して備えるなかで、実現したい明るい未来像をイメージしたいものです。

それを実現するには何が必要でしょうか。地球の未来はどうなるか、何をすれば何がどのように変わるかを見極める、ときには社会にとって「不都合な真実」をも指摘し得る矜持を持った研究が必要なこともあります。また、イノベーションに挑戦する勇気も求められます。そしてその成果に基づいて、深い洞察力を育てる丁寧な教育と、地球の未来を「我がこと」としてとらえる主体的な学習が重要になります。

初等中等教育では、高等学校の学習指導要領の改訂を受け、２０２２年から地理や地学において地球の持続可能性や防災・減災に関する内容が大幅に強化されます。とくに「地理総合」は必修になり誰もが学ぶことになります。小中学校の教育内容もこれと連動し、これからの若者は、頭の柔らかな12年間のうちに、「おだやかで恵み豊かな地球」のために何をなすべきかを学ぶ機会が増えます。高校までの間に地球の持続性や防災に関する基礎知識と問題意識を持った若者が、大学へ進学するようになります。現状では、これらを大学に入ってからようやく教えている（あるいは、大学でもあまり教えていない）ことを考えると、画期的なことです。大学における一般教養教育さらには専門教育の内容も大幅に変わることでしょう。全体として底上げされ、高度化する教育全体を牽引するため、大学における専門教育と研究の充実が不可欠になります。

本書によって、地球人間圏科学の取り扱う内容をおおよそ把握していただけたかと思います。この地球人間圏科学は、「おだやかで恵み豊かな地球」の実現にとって重要なものであり、新しい学際的な学問体系になり得るものであると言えましょう。本書の執筆陣の専門を見ると、現状では、地理学、地震学、土木工学、建築学……といった学問分野名が並び、自らの専門を地球人間圏科学と名乗ってはいません。既存の大きな学問分野のなかに、地球人間圏科学のスピリットを持った研究者が点在しているというのが現状です。地球人間圏科学は本書で述べてきたように、広い視野をもつ、いわゆる俯瞰型学問の代表ですが、現時点では十分に市民権を得ていない状況です。しかし、「おだやかで恵み豊かな地球」の実現に学問がより貢献できるようにするには、地球人間圏科学の推進体制を整えなければなりません。

本書でも紹介したFuture Earthプロジェクトのように、科学と社会の連携も必須です。社会に行動や変革を促すには、十分な根拠と丁寧な説明が科学に求められます。科学が今後その役割を十分に果たせるかどうかは、ひとえに今後の研究・教育の推進と、次代を担う若者の意欲にかかっています。

本書は、日本学術会議第23期地球惑星科学委員会地球・人間圏分科会が中心になって、地球人間圏科学からのメッセージを纏めました。出版にあたっては古今書院の関 秀明氏に多大なご尽力をいただきました。関係各位に厚く御礼申し上げます。

2018年5月　　鈴木康弘・山岡耕春・寶　馨

鈴木康弘　すずき やすひろ　　はじめに，1 章，おわりに執筆．編者

1961 年生．名古屋大学減災連携研究センター教授．自然地理学，変動地形学が専門．日本学術会議連携会員（22~24 期）．日本地理学会理事，日本活断層学会理事, 地震調査研究推進本部専門委員．主要業績:『*Disaster Resilient Cities*』（共編著，Elsevier, 2016），『防災・減災につながるハザードマップの活かし方』（共編著，岩波書店），『原発と活断層』（単著，岩波書店），『活断層大地震に備える』（単著，ちくま新書）ほか．主なプロジェクト：文科省科研費基盤 A：「熊本地震から学ぶ活断層ハザードと防災教育」（2018~20），JICA 草の根支援技術協力事業「モンゴル・ホブド県における防災啓発プロジェクト」（2017~22）ほか．

山岡耕春　やまおか こうしゅん　　3.2 節，おわりに執筆．編者

1958 年生. 名古屋大学大学院環境学研究科地震火山研究センター教授. 地震学，火山学が専門．日本学術会議連携会員（23~24 期），日本地震学会会長，地震予知連絡会副会長．防災教育推進協会理事長．主要業績:『南海トラフ地震』(単著，岩波新書，2016 年)，『地震･津波と火山の事典』（共著，丸善，2008)，『Q＆A日本は沈む？』（単著，理工図書，2007)，『地震予知の科学』（共著，東大出版会，2007)．平成 28 年度防災功労者防災担当大臣表彰.

寶　馨　たから かおる　　2.3 節，6 章，おわりに執筆，編者

1957 年生．京都大学大学院総合生存学館教授・学館長．水文学，極値統計学 , 防災技術政策が専門．日本学術会議連携会員（21~24 期)．日本自然災害学会会長，水文・水資源学会副会長，防災学術連携体幹事．主要業績：『自然災害と防災の事典』（共編著，丸善出版 , 2011)，『全世界の河川事典』（共編著，丸善出版 , 2013）ほか．主なプロジェクト：水・エネルギー・災害研究に関するユネスコチェア（2018~)，JST 国際科学技術共同研究推進事業「日 ASEAN 科学技術イノベーション共同研究拠点」(2015~19)，博士課程教育リーディングプログラム「グローバル生存学大学院連携プログラム」(2011~17）ほか.

鬼頭昭雄　きとう あきお　　2.1 節執筆

1953 年生．一般財団法人気象業務支援センター地球環境・気候研究推進室長. 気象学が専門．日本学術会議連携会員（22~23 期)，IPCC 第 1 作業部会第 2~5 次評価報告書および第 2 作業部会第 6 次評価報告書代表執筆者．主要業績：『異常気象と地球温暖化－未来に何が待っているか』（単著，岩波書店，2015)，『変わりゆく気候－気象のしくみと温暖化』（単著，NHK 出版，2017）ほか. 主なプロジェクト：文部科学省「統合的気候モデル高度化研究プログラム」(2017~21).

海津正倫　うみつ まさとも　2.2 節執筆

1947 年生．名古屋大学名誉教授・奈良大学特命教授．自然地理学, 地形学が専門．日本学術会議連携会員（23 期）・特任連携会員（22 期），主要業績：『沖積低地の地形環境学』（編著，古今書院，2012），『20 世紀環境史』（監訳，名古屋大学出版会，2011），『微地形学』（分担執筆，古今書院，2016），『スマトラ地震による津波災害と復興』（分担執筆，古今書院，2014），『*The Indian Ocean Tsunami: The Global Response to a Natural Disaster*』（共著 , Univ. Press of Kentucky, 2010），『地球温暖化と日本—自然・人への影響予測』（分担執筆，古今書院，1997）ほか．2008・2013 年日本地理学会賞連名受賞，2013 年日本第四紀学会賞受賞．

平田　直　ひらた なおし　3.1 節執筆

1954 年生．東京大学地震研究所地震予知研究センター教授．観測地震学，地震防災学が専門．日本学術会議連携会員（22~24 期）．日本地震学会評議員，中央防災会議委員, 地震調査研究推進本部地震調査委員会委員長．主要業績：『首都直下地震』（単著，岩波書店，2016），『巨大地震・巨大津波 - 東日本大震災の検証 -』（共著，朝倉書店，2011）ほか．主なプロジェクト：文部科学省補助金事業「首都圏を中心としたレジリエンス総合力向上プロジェクト」（2017~21），戦略的創造研究推進事業 CREST「次世代地震計測と最先端ベイズ統計学との融合によるインテリジェント地震波動解析」（2017~22）ほか．

入倉孝次郎　いりくら こうじろう　3.3 節執筆

1940 年生．京都大学名誉教授，愛知工業大学客員教授（2005~），強震動地震学，災害地震学が専門，日本学術会議会員（18, 20 期），日本学術会議連携会員（21~24 期），日本地震学会会長，日本地震工学会会長，地球惑星科学連合（JpGU）フェロー，文部科学大臣賞（研究功績者），日本地震学会論文賞，The Bruce Bolt Modal 受賞（SSA, EERI, COSMOS），日本地震工学会功績賞受賞．主要業績：『地震災害論，防災学講座』（共著，山海堂，2003），『ここまでわかった都市直下地震』（共著，クバプロ，2001），『防災学ハンドブック』（分担執筆，2001），『巨大地震の予知と防災』（共著，創文社，1996）．

氷見山幸夫　ひみやま ゆきお　4.1 節執筆

1949 年生．北海道教育大学名誉教授．専門は地理学，地球人間圏科学，環境地図教育，土地利用．日本学術会議連携会員（20, 21, 24, 25 期），日本学術会議会員（22, 23 期），国際地理学連合副会長（2010~16），国際地理学連合会長（2016~），地理学連携機構代表（2015~18），日本地理学会賞（2016），日本地球惑星科学連合監事（2016~），主要業績：『アトラス－日本列島の環境変化』（共編著，朝倉書店，1995），『*Regional Sustainable Development Review: Japan*』（編著 , EOLSS/UNESCO, 2002），『*Glocal Environmental Education*』（共編著，Rawat, 2010），『*Exploring Sustainable Land Use in Monsoon Asia*』（編著 , Springer, 2018）．

沖　大幹　おき たいかん　4.2 節執筆

1964 年生．国際連合大学上級副学長，国際連合事務次長補．東京大学総長特別参与，国際高等研究所サステイナビリティ学連携研究機構教授などを兼務．専門は土木工学で，特に水文学，地球規模の水循環と世界の水資源に関する研究．国土審議会委員，水資源開発分科会長．日本学術会議連携会員（21~24 期）．単著に『水の未来』（岩波新書, 2016），『水危機 ほんとうの話』（新潮選書, 2012），『水の世界地図 第 2 版』（監訳, 丸善出版, 2011）など．生態学琵琶湖賞，日経地球環境技術賞，日本学士院学術奨励賞など多数．水文学部門で日本人初のアメリカ地球物理学連合（AGU）フェロー（2014）．

宮﨑　毅　みやざき つよし　4.3 節執筆

1947 年生．東京大学名誉教授．環境地水学，土壌物理学が専門．日本学術会議連携会員（20~24 期）．農業農村工学会名誉会員，日本農業工学会フェロー，公益財団法人農学会評議員，日本土壌協会理事，㈱NTC コンサルタンツ顧問．主要業績：『環境地水学』（単著，東京大学出版会，2000），『*Water Flow in Soils, Second Edition*』（単著，Taylor & Francis , 2006），『放射能除染の土壌科学－森・田・畑から家庭菜園まで』（共著，学術会議叢書，2013），『土壌問題―健康な土壌が社会の持続性を支える』（学術の動向，2018）ほか．2015 年日本農学賞・読売農学賞受賞．2018 年度日本地球惑星科学連合フェロー受賞．

小口　高　おぐち たかし　5.1 節執筆

1963 年生．東京大学空間情報科学研究センター教授．地形学，地理情報科学が専門．とくに山地から山麓にかけての土砂移動と地形形成に関連した研究．日本学術会議連携会員（22~24 期）．地理情報システム学会会長，日本地理学会理事, 日本地形学連合主幹, 国際地形学会（IAG）役員, 国際地理学連合（IGU）分野別委員会の長．2003 年より地形学の国際誌 *Geomorphology* の編集委員長の一人．

安成哲三　やすなり てつぞう　5.2 節執筆

1947 年生．人間文化研究機構総合地球環境学研究所長．筑波大学・名古屋大学名誉教授．専門は気象学・気候学および地球環境学．日本学術会議会員・連携会員 (22~24 期)．日本気象学会常任理事, 水文・水資源学会会長 (2006~08) など．日本気象学会賞，水文・水資源学会功績賞などを授賞．地球惑星科学連合（JpGU）フェロー（2016）．Future Earth 国際科学委員（2013~17）, 国際諮問委員（2018~）．著書に『ヒマラヤの気候と氷河』（共著，東京堂出版，1983），『地球環境変動とミランコヴィッチ・サイクル』（共編，古今書院，1992），『新しい地球学』（共編，名古屋大学出版会，2008），『地球気候学』（単著，東京大学出版会，2018）など．

山川充夫　やまかわ みつお　5.3 節執筆

1947 年生．福島大学名誉／客員教授．経済地理学，地域経済学が専門．日本学術会議会員（22~23 期）・連携会員（20･21･24 期）．うつくしまふくしま未来支援センター長（初代），日本地域経済学会長，福島県復興ビジョン検討委員会（座長代理），福島県都市計画審議会長．主要業績：『原災地復興の経済地理学』（単著，桜井書店，2013）『*Unravelling the Fukushima Disaster*』（2016），『*Rebuilding Fukushima*』（2017）（共編著，Routledge），『福島復興学』（共編著，2018，八朔社）ほか．主なプロジェクト：文科省科研費基盤研究 S「東日本大震災を契機とする震災復興学の確立」（2013~17）ほか．

和田　章　わだ あきら　5.4 節執筆

1946 年生．東京工業大学名誉教授，広州大学特聘教授（2017~），建築学，建築構造学，都市地震工学が専門，日本学術会議会員（22~23 期），日本建築学会会長（2011~2013），日本免震構造協会会長（2013~），防災学術連携体（設立時から 2018 年まで代表幹事），日本建築学会賞・論文（1995）「建築構造物の非線形挙動の解明とその応用に関する一連の研究」，日本建築学会賞・技術（2003）「建築物の損傷制御構造の研究・開発・実現」，Fazlur R. Khan Lifetime Achievement Medal for 2011 by the CTBUH（2011），首相公邸，日本銀行本店，熊本地震からの熊本城復旧復元など日本の重要建築物の耐震性向上に携わる．

東畑郁生　とうはた いくお　5.4 節執筆

1954 年生．東京大学名誉教授（工学部社会基盤学科），関東学院大学客員教授．地盤工学が専門．日本学術会議連携会員（23~24 期）．地盤工学会会長，地震工学会副会長，国際地盤工学会アジア担当副会長，インド工科大学ボンベイ校特別客員教授を歴任．主要業績：『*Geotechnical Earthquake Engineering*』（単著，Springer, 2008）のほか，砂地盤の液状化災害の軽減技術，豪雨時斜面崩壊の事前検知技術などの開発と普及に従事．2011 年の東日本大震災の後は，既設住宅地の地盤強化，福島第一原子力発電所の問題収束に向けた地盤技術の推進などに注力．

田村和夫　たむら かずお　5.4 節執筆

1952 年生．防災学術連携体事務局長．建築構造工学，耐震工学が専門．日本学術会議連携会員（23~24 期）．大崎総合研究所および清水建設技術研究所の副所長を経て千葉工業大学建築都市環境学科教授を歴任．主要業績：建築構造物の耐震性向上策の推進，免震制振技術の研究開発，建築分野における地球環境問題への取り組みなど．『建築の耐震耐風入門』（共著，1995），『地震に強い建物』（共著，2003）などを執筆．

参考文献等一覧

1章 「地球人間圏科学」とは（鈴木康弘）

(1) 鬼頭昭雄（2015）『異常気象と地球温暖化―未来に何が待っているか―』岩波新書.
(2) 山岡耕春（2016）『南海トラフ地震』岩波新書.
(3) 平田 直（2016）『首都直下地震』岩波新書.
(4) 沖 大幹（2016）『水の未来―グローバルリスクと日本』岩波新書.
(5) 宮﨑 毅（2018）土壌と食料の将来は？．本書 4.3.
(6) 氷見山幸夫（2018）土地利用の持続可能性に関する問題とは？，本書 4.1.
(7) 日本学術会議（2008）記録「地球惑星科学の現状と課題」日本学術会議地球惑星科学委員会地球・惑星圏分科会.
(8) 日本学術会議（2010）報告「地球惑星科学分野の展望―地球の未来予測への挑戦―」（日本の展望―学術からの展望 2010）.
(9) 日本学術会議地球惑星科学委員会（2008）提言「陸域 - 縁辺海域における自然と人間の持続可能な共生へ向けて」.
(10) 日本学術会議地球惑星科学委員会地球・人間圏分科会（2014）提言「東日本大震災を教訓とした安全安心で持続可能な社会の形成に向けて」.
(11) 日本学術会議地域研究委員会・地球惑星科学委員会合同地理教育分科会（2014）提言「地理教育におけるオープンデータの利活用と地図力／GIS 技能の育成―地域の課題を分析し地域づくりに参画する人材育成―」.
(12) 日本学術会議地域研究委員会・地球惑星科学委員会合同地理教育分科会（2017）提言「持続可能な社会づくりに向けた地理教育の充実」.
(13) 松井孝典（1998）人間圏とは何か，鳥海光弘他著，岩波講座地球惑星科学第 14 巻『社会地球科学』1-12.
(14) 鈴木康弘（2001）『活断層大地震に備える』ちくま新書，筑摩書房.
(15) 鈴木康弘（2013）『原発と活断層―想定外は許されない―』岩波科学ライブラリー，岩波書店.
(16) 碓井照子編（2018）『「地理総合」ではじまるこれからの地理教育』古今書院（印刷中）.

2.1 地球温暖化はどこまで予測できるか？（鬼頭昭雄）

(1) IPCC (2013) *Climate Change 2013: The Physical Science Basis*. Cambridge University Press.（気象庁ホームページから「政策決定者向け要約」「技術要約」などの和訳を入手可）
(2) 公益社団法人日本気象学会地球環境問題委員会編（2014）『地球温暖化―そのメカニズムと不確実性―』朝倉書店.

2.2 地球温暖化が及ぼす陸域環境への影響は？（海津正倫）

(1) 環境省訳（2014）『気候変動 2014 影響，適応及び脆弱性』ＩＰＣＣ第 5 次評価報告書　第 2 作業部会報告書．政策決定者向け要約：1-37.

(2) Pirazzoli, P. A. (1991) *World Atlas of Holocene Sea-level Changes.* Elsevier Science Publishing Company.
(3) Murray-Wallace, C.V. and Woodroffe C.D.（2014）*Quaternary Sea-Level Changes.* Cambridge University Press.
(4) 気象庁訳（2013）『気候変動 2013 影響，自然科学的根拠』ＩＰＣＣ第 5 次評価報告書　第 1 作業部会報告書．政策決定者向け要約：1-61.
(5) 前田保夫・山下勝年・松島義章・渡辺 誠（1983）愛知県先苅貝塚と縄文海進，「第四紀研究」22: 213-222.
(6) 松井 章（2007）佐賀市東名遺跡の年代とその問題点，「名古屋大学加速器質量分析計業績報告書」18: 144-147.
(7) 安田喜憲（1980）『環境考古学事始』ＮＨＫブックス.
(8) 亀井節夫・ウルム氷期以降の生物地理総研グループ（1982）最終氷期における日本列島の動・植物相，「第四紀研究」20 :191-206.
(9) 小野有五・五十嵐八枝子（1991）『北海道の自然史』北海道大学図書刊行会.
(10) 野上道男（1992）地球温暖化が農業的土地利用に与える影響の予測，「地学雑誌」101: 506-513.
(11) 農業・生物系特定産業技術研究機構（2006）農業に対する温暖化の影響の現状に関する調査，「研究調査室小論集」7: 1-64.
(12) 海津正倫（2004）メコンデルタにおける 2000 年水害と地形環境，「名古屋大学文学部研究論集」史学 50：57-69.
(13) 萩原良巳・萩原清子・Bilqis Amin Hoque・山村尊房・畑山満則・坂本麻衣子・宮城島一彦（2003）バングラデシュにおける災害問題の実態と自然・社会特性との関連分析，「京都大学防災研究所年報」46 B: 15-30.
(14) 岡 太郎（2004）バングラデシュの洪水災害,「京都大学防災研究所年報」47 A: 59-80.
(15) 海津正倫（1991）バングラデシュのサイクロン災害，「地理」36-8: 71-78.
(16) Umitsu, M.（1997）Landforms and floods in the Ganges delta and coastal lowland of Bangladesh. *Marine Geodesy*, 20, 77-87.
(17) Hirai Yukihiro et al. (2008) Assessment of impacts of sea level rise on Tam Giang-Cau Hai lagoon area based on a geomorphological survey map. *Regional Views*（地域学研究）21,1-8.
(18) Hirai Yukihiro et al. (2013) Environmental assessment of the rapid expansion of intensive shrimp farming in Tam Giang-Cau Hai lagoon, Central Viet Nam. *Komazawa journal of Geography*（駒澤地理）49,1-9.

2.3　激化する豪雨災害をいかに緩和できるか？（寶 馨）

(1) 牛山素行・寶 馨(2002) 1901 年以降の豪雨記録から見た 2000 年東海豪雨の特徴，「自然災害科学」21(2): 145-159.
(2) 牛山素行・寶 馨（2001）既往豪雨事例との比較の観点から見た 2000 年東海豪雨の特徴，「2000 年 9 月東海豪雨に関する調査研究，平成 12 年度科学研究費補助金研究成果報告書」研究課題番号 12800012: 7-14.
(3) 国土交通省近畿地方整備局（2011）2011 年紀伊半島大水害 災害対応の記録.
(4) 楠田哲也（1999）1999.6.29 福岡豪雨　災害報告，「土木学会誌」84，1999 年

11 月号 : 42-44.
(5) 牛山素行・里深好文・海堀正博（1999）1999 年 6 月 29 日に広島市周辺で発生した豪雨災害の特徴,「自然災害科学」18(2): 165-195.
(6) 林 春男・立木茂雄（2004）新潟水害による犠牲者はなぜ生まれたのか,「平成 16 年 7 月新潟・福島, 福井豪雨災害に関する調査研究中間報告会報告」新潟大学：2004 年 11 月 19 日.
(7) 牛山素行・片田敏孝（2010）2009 年 8 月佐用豪雨災害の教訓と課題,「自然災害科学」29(2): 205-218.
(8) 寶 馨・戸田圭一・橋本 学編（2011）『自然災害と防災の事典』京都大学防災研究所監修, 丸善出版.
(9) 津口裕茂（2016）線状降水帯　新用語解説,「天気」(日本気象学会) 63: 11-13.
(10) 石原正仁・寶 馨（2018）2012 年 8 月 13, 14 日に宇治市周辺に発生した大雨：第 1 部　大雨をもたらした線状降水帯群のメソ構造,「天気」(日本気象学会) 65(1): 5-23.

3.1　地震と津波災害の発生はどこまで予測できるか？（平田 直）

(1) 平田 直（2016）地殻災害の予知と地震火山観測研究計画, 日本学術協力財団編『地殻災害の軽減と学術・教育』(学術会議叢書 22) 日本学術協力財団.
(2) 平田 直（2016）『首都直下地震』岩波書店.
(3) 中央防災会議 防災対策実行会議 南海トラフ沿いの地震観測・評価に基づく防災対応検討WG（2017）「南海トラフ沿いの地震観測・評価に基づく防災対応のあり方について（報告）」(平成 29 年 9 月 26 日公表).

3.2　火山災害—2014 年御嶽山噴火からの考察（山岡耕春）

(1) 竹内 誠・中野 俊・原山 智・大塚 勉（1998）『木曽福島地域の地質』地質調査所.
(2) 及川輝樹・鈴木雄介・千葉達郎・岸本博志・奥野 充・石塚 治（2015）「御嶽山の完新世の噴火史」日本火山学会講演予稿集 102.
(3) Mori, T., Hashimoto, T., Terada, A., Yoshimoto, M., Kazahaya, R., Shinohara, H., and Tanaka, R. (2016) Volcanic plume measurements using a UAV for the 2014 Mt. Ontake eruption. *Earth, Planets and Space* 68:49. doi:10.1186/s40623-016-0418-0
(4) Minami, Y., Imura, T., Hayashi, S. and Ohba, T. (2016) Mineralogical study on volcanic ash of the eruption on September 27, 2014 at Ontake volcano, central Japan: correlation with porphyry copper systems. *Earth, Planets and Space* 68:67. doi:10.1186/s40623-016-0440-2
(5) Sabry, A.A. and Mogi, T. (2016) Three-dimensional resistivity modeling of GREATEM survey data from Ontake Volcano, northwest Japan. *Earth, Planets and Space* 68:76. doi:10.1186/s40623-016-0433-z
(6) Oikawa, T., Yoshimoto, M., Nakada, S., Maeno, F., Komori, J., Shimano, T., Takeshita, Y., Ishizuka, Y. and Ishimine, Y. (2016) Reconstruction of the 2014 eruption sequence of Ontake Volcano from recorded images and interviews. *Earth, Planets and Space* 68:79. doi:10.1186/s40623-016-0458-5
(7) Maeno, F., Nakada, S., Oikawa, T., Yoshimoto, M., Komori, J., Ishizuka, Y., Takeshita,

Y., Shimato, T., Kaneko, T. and Nagai, M. (2016) Reconstruction of a phreatic eruption on 27 September 2014 at Ontake volcano, central Japan, based on proximal pyroclastic density current and fallout deposits. *Earth, Planets and Space* 68:82. doi:10.1186/s40623-016-0449-6
(8) Takarada, A., Oikawa, T., Furukawa, R., Hoshizumi, H., Itoh, J., Geshi, N. and Miyagi, I. (2016) Estimation of total discharged mass from the phreatic eruption of Ontake Volcano, central Japan, on September 27, 2014. *Earth, Planets and Space* 68:138. doi:10.1186/s40623-016-0511-4
(9) Yamaoka, K., Geshi, N., Hashimoto, T., Ingebritsen, S.E. and Oikawa, T. (2016) Special issue "The phreatic eruption of Mt. Ontake volcano in 2014". *Earth, Planets and Space* 68:175. doi:10.1186/S40623-016-0548-4
(10) Sigurdsson, H., Houghton, B., McNutt, S.R., Rymer, H. and Stix, J. (ed.) (2015) *The Encyclopedia of Volcanology* (second edition), Academic Press.

3.3 対策上の「想定外」を回避するために必要なこととは？（入倉孝次郎）

(1) 文部科学省（2012）科学技術白書（平成24年度）「第1部 強くたくましい社会の構築に向けて〜東日本大震災の教訓を踏まえて〜」.
(2) 佐竹健治・堀 宗朗（2012）『東日本大震災の科学』東京大学出版会.
(3) Suwa, Y., Miura, S., Hasegawa, A., Sato, T. and Tachibana, K.(2006) Interplate coupling beneath NE Japan inferred from three dimensional displacement fields, *J. Geophys. Res*., 111, B04402, doi:101029/2004JB003203.
(4) Kanamori, H., Miyazawa, M. and Mori, J. (2006) Investigation of the earthquake sequence off Miyagi prefecture with historical seismograms, *Earth, Planets and Space,* 58: 1533-1541.
(5) 津村建四朗（2013）「ブループリント」と「地震予知計画」—成果と問題点再考—,「地震学会モノグラフ」No. 2: 5-8.
(6) 地震調査研究推進本部（2002）三陸沖から房総沖にかけての地震活動の長期評価について，ウェブサイト.
(7) 地震調査研究推進本部（2009）全国地震動予測地図（2009），ウェブサイト.
(8) 島崎邦彦（2012）東北地方太平洋沖地震に関連した地震発生長期予測と津波防災対策,「地震」65: 123-134.
(9) 入倉孝次郎・三宅弘恵（2001）シナリオ地震の強震動予測,「地学雑誌」110: 849-875.
(10) 地震調査研究推進本部（2017 a）震源断層を特定した地震の強震動予測手法（「レシピ」），ウェブサイト
(11) Irikura, K., Miyakoshi, K., Kamae, K., Yoshida, K., Somei, K., Kurahashi, S. and Miyake, H. (2017) Applicability of source scaling relations for crustal earthquakes to estimation of the ground motions of the 2016 Kumamoto earthquake, *Earth, Planets and Space*, 69:10, 2017, 10.1186/s40623-016-0586-y

4.1 土地利用の持続可能性に関する問題とは？（氷見山幸夫）

(1) 氷見山幸夫（2011）砂防学講座『日本の国土の変遷と災害』—日本の国土の変化（土地利用変化）「砂防学会誌」Vol. 63, No. 5: pp.62-72.

(2) 氷見山幸夫（2014）「全国土地利用データベース Web 版 (LUIS-Web)」国立環境研究所，ウェブサイト.
(3) 日本学術会議（2015）学術フォーラム「われわれはどこに住めばよいのか？～地図を作り，読み，災害から身を守る～」，ウェブサイト.
(4) Brown, R. B. (2009) *Plan B 4.0 - mobilizing to save civilization*, Norton, NewYork.
(5) Himiyama, Y. (ed.) (2017) *Exploring Sustainable Land use in Monsoon Asia,* Springer Nature, Singapore.

4.2　持続可能な水管理をいかに実現するのか？（沖 大幹）

(1) JMP (2017) Progress on Drinking Water, *Sanitation and Hygiene: 2017 Update and SDG Baselines.* Geneva: World Health Organization (WHO) and the United Nations Children's Fund (UNICEF). Licence: CC BY-NC-SA 3.0 IGO.
(2) WEF (2015) Global Risks 2015 -10th Edition,http://www3.weforum.org/docs/WEF_Global_Risks_2015_Report15.pdf
(3) Oki, T. and Kanae, S. (2006) Global Hydrological Cycles and World Water Resources, *Science,* 313 (5790): 1068-1072.
(4) 沖 大幹（2012）『水危機 ほんとうの話』新潮社.
(5) Oki, T. and Kanae,S., (2004) Virtual water trade and world water resources, *Water Science & Technology*, 49(7): 203-209.
(6) 沖 大幹（2016）『水の未来―グローバルリスクと日本』岩波新書.
(7) Oki, T., Yano, S. and Hanasaki, N. (2017) Economic aspects of virtual water trade, *Environmental Research Letters*, 12 (4): 044002.
(8) Hanasaki, N., Inuzuka, T., Kanae,S. and Oki, T. (2010) An estimation of global virtual water flow and sources of water withdrawal for major crops and livestock products using a global hydrological model. *Journal of Hydrology,* 384: 232-244.
(9) 福田紫瑞紀 (2016) 飲み水に関するミレニアム開発目標はなぜ達成されたのか，修士論文，東京大学大学院工学系研究科.

4.3　土壌と食料の将来は？（宮﨑 毅）

(1) JIRCAS, 国際連合「世界人口予測・2017 年改訂版　[United Nations (2017) World Population Prospects: The 2017 Revision]」概要．ウェブサイト.
(2) 総務省統計局（2017）世界の統計：p.15, p.79. ウェブサイト.
(3) 農林水産省（2017）世界の穀物需要及び価格の推移 2017．ウェブサイト.
(4) 農林水産省（2016）平成 27 年度食品廃棄物等の年間発生量及び食品循環資源の再生利用等実施率 (推計値)．ウェブサイト.
(5) オックスファムジャパン：格差に関する 2017 年報告書「99％のための経済」．ウェブサイト.
(6) Rekacewicz, P. and UNEP/GRID-Arendal (1997) Soil degradation of the world. ウェブサイト .
(7) 八木一行・高田裕介（2104）世界土壌デーおよび国際土壌年，「農業と環境」No.168. ウェブサイト.
(8) V.G. カーター, T. デール・山路 健訳（初版 1955 年, 改訂版 1974 年）『土と文明』家の光協会.

(9) D. モントゴメリー・片岡夏実訳（2010）『土の文明史』築地書館.
(10) 小山雄生（1990）『土の危機』読売新聞社.
(11) 宮﨑 毅（2000）『環境地水学』東京大学出版会.
(12) 塚田祥文ほか（2017）2011 年の原発事故から 5 年―農業環境・農作物・農業経済の変遷と課題―,「日本土壌肥料学雑誌」第 88 巻第 4 号：352-360.
(13) 環境省（2016）平成 27 年度野生動物への放射線影響に関する調査研究報告会要旨集.
(14) IPCC (2014) *Climate Change 2014: Synthesis Report.* Contribution of Working Groups I, II and III to the Fifth Assessment Report of the Intergovernmental Panel on Climate Change. IPCC, Geneva, Switzerland: p.40, p.59, p.60.
(15) 気象庁（2016）気候変動監視レポート．ウェブサイト .
(16) 宮﨑 毅・加藤千尋（2017）地温のわずかな上昇が耕地の土壌環境に及ぼす影響,「アグリバイオ」Vol.1 (6): 91-95.
(17) Seneviratne, S.I. et al. (2010) Investigating soil moisture-climate interactions in a changing climate: A review, *Earth Sci. Rev.* 99: 125-161.
(18) 宮﨑 毅（2009）日本経済新聞 9 月 29 日 31 面　経済教室「グローバルな食料の安全保障」挿入図（一部修正）.
(19) D.H. メドウス，D.L. メドウス，Y. ランダース（1992）『限界を超えて』ダイヤモンド社 .
(20) 日本学術会議（2016）提言「緩・急環境変動下における土壌科学の基盤整備と研究強化の必要性」.

5.1　デジタル地図・GIS の歴史と環境保全・防災への貢献（小口 高）

(1) Riffenburgh, B. (2014) *Mapping the World: The Story of Cartography.* London: Carlton Publishing Group.
(2) Foresman, T.W. (ed.) (1998) *The History of Geographic Information Systems: Perspectives from the Pioneers*. Upper Saddle River, NJ: Prentice Hall.
(3) 高阪宏行・村山祐司編（2001）『ＧＩＳ―地理学への貢献』古今書院.
(4) Jarvie, H.P., Oguchi, T. and Neal, C. (2002) Exploring the linkages between river water chemistry and watershed characteristics using GIS-based catchment and locality analyses. *Regional Environmental Change,* 3: 36-50.
(5) 小口 高（2009）宗教およびサムライ精神とＧＩＳ．*GIS NEXT*, No. 28: 70.

5.2　Future Earth : 未来可能な地球と人類をめざして（安成哲三）

(1) IPCC (2013) *Climate Change 2013: The Physical Science Basis*. Contribution of Working Group I to the Fifth Assessment Report of the Intergovernmental Panel on Climate Change [Stocker, T.F., D. Qin, G.-K. Plattner, M. Tignor, S.K. Allen, J. Boschung, A. Nauels, Y. Xia, V. Bex and P.M. Midgley(eds.)]. Cambridge University Press, Cambridge, United Kingdom and New York, NY, USA.
(2) Crutzen, P. J.(2003) Geology of mankind. *Nature*, 415, 23.
(3) 安成 哲三（2014）近代科学の限界 ― 環境問題はなぜ解決しないか，渡邊 誠一郎・中塚 武・王 智弘 編『臨床環境学』名古屋大学出版会，p63-74.
(4) Future Earth (2014) *Future Earth 2025 Vision.* Paris: International Council for Science

(ICSU).
(5) Future Earth (2014) *Future Earth Strategic Research Agenda 2014*. Paris: International Council for Science (ICSU).
(6) 日本学術会議フューチャー・アースの推進に関する委員会（2016）「提言 持続可能な地球社会の実現をめざして—Future Earth（フューチャー・アース）の推進—」.
(7) 総合地球環境学研究所（2016）わたしたちがえがく地球の未来（フューチャー・アース）.

5.3 脱原発社会への道筋を拒むもの（山川充夫）

(1) 恒川惠市編（2015）『大震災・原発危機下の国際関係』東洋経済新報社.
(2) 森 秀樹・白藤博行・愛敬浩二（2012）『3・11 と憲法』日本評論社.
(3) 吉岡 斉（2012）『脱原子力国家への道』岩波書店.
(4) 今中哲二（2012）『低線量放射線被曝—チェルノブイリから福島へ—』岩波書店.
(5) 柴田鐵治・友清裕昭（2014）『福島原発事故と国民世論』ERC 出版.
(6) 辻中 豊（2016）『政治過程と政策』東洋経済新報社.
(7) 日本科学者会議編（2014）『国際原子力ムラ—その形成の歴史と実態—』合同出版.
(8) 山岡淳一郎（2017）『日本はなぜ原発を拒めないのか—国家の闇へ—』青灯社.
(9) 経済産業省資源エネルギー庁『エネルギー基本計画　閣議決定』2014 年 4 月
(10) 朝日新聞特別報道部（2014）『原発利権を追う—電力をめぐるカネと権力の構造—』朝日新聞出版社.
(11) 高寄昇三（2014）『原発再稼働と自治体の選択—原発立地交付金の解剖—』公人の友社，清水修二（2011）『原発になお地域の未来を託せるのか』自治体研究社.
(12) 三橋貴明（2014）『原発再稼働で日本は大復活する！』KADOKAWA.
(13) エネルギー・環境会議コスト等検証委員会（2011）『コスト等検証委員会報告書』.
(14) エネルギー・環境の選択肢に関する討論型世論調査 実行委員会（2012）『エネルギー・環境の選択肢に関する討論型世論調査　調査報告書（改訂版）』.
(15)『日本経済新聞　電子版』（2017 年 6 月 9 日）
(16) 県知事選挙に先立つ『福島県復興ビジョン』の策定では，基本理念の第一に「原子力に依存しない社会」が掲げられており，これは福島県議会においても了承されている.
(17) 日野行介・尾松 亮（2017）『フクシマ 6 年後消されていく被害』人文書院.
(18) 阿部清治（2015）『原子力のリスクと安全規制—福島第一事故の〝前と後〟』第一法規.
(19) 佐藤栄佐久（2015）『日本劣化の正体』ビジネス社.
(20) 上岡直見（2014）『原発避難計画の検証』合同出版.
(21) 鈴木康弘（2013）『原発と活断層—「想定外」は許されない』岩波書店.
(22) 日本学術会議臨床医学委員会放射線防護・リスクマネジメント分科会（2017）『報告 子どもの放射線被ばくの影響と今後の課題—現在の科学的知見を福島で生かすために—』，橘木俊詔・長谷部恭夫・今田高俊・益永茂樹編『リスク学と

は何か』岩波書店.
(23) 城山英明編 (2015)『福島原発事故と複合リスクガバナンス』東洋経済新報社.
(24) 塩崎賢明・西川榮一・出口俊一・兵庫県震災復興研究センター (2011)『東日本大震災　復興への道―神戸からの提言―』クリエイツかもがわ.
(25) 津久井進・出口俊一・永井幸寿・田中健一・山崎栄一・兵庫県震災復興研究センター編著 (2012)『「災害救助法」徹底活用』クリエイツかもがわ.
(26) 関西学院大学災害復興制度研究所・被災者生活再建支援法効果検証研究会 (2014)『検証　被災者生活再建支援法』自然災害被災者支援促進連絡会.
(27) 阿部昌樹 (2015)「全町避難・全村避難と地方自治」小原隆治・稲継裕昭編『震災後の自治体ガバナンス―大震災に学ぶ社会科学　第2巻』東洋経済新報社.
(28) http://www.scj.go.jp/ja/info/kohyo/pdf/kohyo-22-t140930-1.pdf
(29) http://www.scj.go.jp/ja/info/kohyo/pdf/kohyo-23-t170929.pdf
(30) 尾松 亮 (2013)『3・11 とチェルノブイリ法』東洋書店, 馬場朝子・尾松 亮 (2016)『原発事故　国家はどう責任を負ったか』東洋書店新社.
(31) 原子力市民委員会 (2016)『市民がつくった脱原子力政策大綱』宝島社.
(32) 山川充夫 (2013)『原災地復興の経済地理学』桜井書店の第6章「原子力災害と南相馬市復興ビジョン」を参照.
(33) 金井利之・今井 照編著 (2016)『原発被災地の復興シナリオ・プランニング』公人の友社.
(34) 社会学委員会東日本大震災の被害・影響構造と日本社会の再生の道を探る分科会 (2017)『多様で持続可能な復興を実現するために―政策課題と社会学の果たすべき役割―』.
(35) 山川充夫 (2017)「強制避難者の自主避難化を避けるために―原災避難待機制度の確立と住宅費補助の継続―」『学術の動向』第22巻第4号.

5.4　大震災の起きない都市を目指して（和田 章・東畑郁生・田村和夫）

(1) 日本学術会議提言「大震災の起きない都市を目指して」: 2017年8月. 分科会の委員は和田 章・東畑郁生・田村和夫・浅岡 顕・沖村 孝・小野徹郎・高橋良和・中埜良昭・福井秀夫・南 一誠・山本佳世子の11名である. ここに記して, 委員の先生方との3年間の議論, 提言の執筆に謝意を示す.
(2) 中央防災会議・首都直下地震対策検討ワーキンググループ「首都直下地震の被害想定と対策について（最終報告）」.
(3) 内閣府「首都直下地震における具体的な応急対策活動に関する計画」
(4) 日本学術会議提言 (2017)「走向不会发生大震灾的城市」, (1) の中国語訳 (2017年9月).
(5) 日本学術協力財団発行, 学術の動向: 2016年11月号「特集 防災学術連携体の設立と取組」.

6章　国際的議論と行動の展開－地球人間圏科学の貢献（寶 馨）

(1) 内閣府ホームページ:「国際防災の10年」の設立.
(2) 外務省ホームページ: 仙台防災枠組 (Sendai Framework for Disaster Risk Reduction).
(3) D. H. メドウズ, D. L. メドウズ, J. ランダーズ, W. ベアランズ三世 (1972):

成長の限界―ローマクラブ「人類の危機」レポート，大来佐武郎監訳，ダイヤモンド社.
(4) 環境省ホームページ：国連気候変動枠組条約第 21 回締約国会議（COP21）及び京都議定書第 11 回締約国会合（COP/MOP11）の結果について.
(5) 外務省ホームページ：ミレニアム宣言（仮訳）.
(6) 外務省ホームページ：SDGs（持続可能な開発目標） 持続可能な開発のための 2030 アジェンダ.
(7) 外務省ホームページ：持続可能な開発目標（SDGs―エスディージーズ―）～入門編～.
(8) 牧 紀男（2011）：インフラストラクチャーとライフライン，自然災害と防災の事典（寶・戸田・橋本編）631.1, 丸善出版，pp. 245-247.
(9) 100 resilient cities, https://www.100resilientcities.org/cities/
(10) たとえば，全国地球温暖化防止活動推進センター：IPCC 第 5 次評価報告書特設ページ.
(11) 日本学術会議・安全保障と学術に関する検討委員会（2017 軍事的安全保障研究に関する声明，平成 29 年 3 月 24 日.
(12) 日本学術会議・安全保障と学術に関する検討委員会：「軍事的安全保障研究に関する声明」インパクト・レポート（改訂版），平成 29 年 9 月 22 日.
(13) 日本学術会議：地球圏－生物圏国際協同研究計画（IGBP）の促進について，平成 11 年 4 月.
(14) ICSU (2008) 土木研究所・水災害リスクマネジメント国際センター（ICHARM）仮訳：災害リスク統合研究計画：自然ならびに人間由来の環境ハザードへの挑戦.
(15) 寶 馨（2004）世界の水問題の動向と研究展望，「土木学会論文集」761 Ⅱ，pp. 1-18.
(16) ヨルゲン・ランダース・野中香方子訳，竹中平蔵解説（2013）『2052 今後 40 年のグローバル予測』日経 BP 社.
(17) 英『エコノミスト』編集部，東江一紀訳，船橋洋一解説（2012）『2050 年の世界 英『エコノミスト』誌は予測する』文春文庫.
(18) 英『エコノミスト』編集部，土方奈美訳（2017）『2050 年の技術 英『エコノミスト』誌は予測する』文藝春秋.
(19) リチャード・ドップス，ジェームズ・マニーカ，ジョナサン・ウーツェル，吉良直人訳（2017）『マッキンゼーが予測する未来―近未来のビジネスは，4 つの力に支配されている』ダイヤモンド社.
(20) 尾池和夫（2015）『2038 年南海トラフの巨大地震』マニュアルハウス.

編者紹介

鈴木 康弘　すずき やすひろ

山岡 耕春　やまおか こうしゅん

寶　　馨　たから かおる

本扉写真

ウランバートルの西 200km のハルボヘン・バルガス遺跡. 契丹族の 10 世紀の都城。モンゴル帝国末期（17 世紀）の拠点のひとつでもある. 2004 年「オルホン渓谷の文化的景観」として世界遺産登録. 2016 年 8 月, 鈴木康弘撮影.

本扉裏写真, カバー写真

モンゴル西部ホブド県, アルタイ山脈北麓のハルオス湖. 乾燥地帯にありながら豊富な淡水を湛え, 湖岸に動植物を育む湿地が広がる. ラムサール条約の指定地. 2017 年 8 月, 鈴木康弘撮影.

書　名	**おだやかで恵み豊かな地球のために ── 地球人間圏科学入門**
コード	ISBN978-4-7722-2026-2
発行日	2018（平成 30）年 6 月 20 日　初版第 1 刷発行
編　者	**鈴木康弘・山岡耕春・寶 馨**

発行者	株式会社 古今書院　橋本寿資
印刷所	株式会社 理想社
製本所	株式会社 理想社
発行所	**古今書院**　〒 101-0062 東京都千代田区神田駿河台 2-10
TEL/FAX	03-3291-2757 / 03-3233-0303
振　替	00100-8-35340
ホームページ	http://www.kokon.co.jp/　検印省略・Printed in Japan